## Das Buch



»Die Verhaltensphysiologie vermittelt zwischen der deskriptiven Verhaltensforschung und der Physiologie. Ihre Fragestellung lautet: Welche physiologischen Vorgänge im Innern des Organismus sind für eine gegebene Verhaltensweise verantwortlich und drücken sich unmittelbar in ihr aus? Die kennzeichnende Methode der Verhaltensphysiologie besteht darin, bestimmte Verhaltensweisen unter systematisch variierten Versuchsbedingungen messend, also quantitativ, zu erfassen. Im anschließenden theoretischen Arbeitsgang wird versucht, die Meßergebnisse logisch und mathematisch zu interpretieren. Dabei können Untersuchungen an Modellen eine besondere Rolle spielen. Ist die theoretische Erfassung gelungen, so eröffnet sie vielfach die Möglichkeit für den Schluß auf bestimmte zugrundeliegende physiologische Funktionen.«

Mit diesen Worten des Freiburger Zoologen Bernhard Hassenstein werden zugleich das Lebenswerk und die Methode Erich von Holsts genau umschrieben. Unser Band bringt fünf bahnbrechende Untersuchungen aus dem zentralen Arbeitsbereich des Autors, die thematisch eng zusammenhängen.

## Der Autor

Prof. Dr. Erich von Holst, geb. 1908 in Riga, arbeitete nach seinem Studium zunächst auf der Zoologischen Station Neapel und an verschiedenen deutschen Universitäten und wurde 1946 Ordinarius für Zoologie in Heidelberg. Von 1948 bis 1957 war er am Wilhelmshavener Max-Planck-Institut für Meeresbiologie (später: für Verhaltensphysiologie) tätig und anschließend bis zu seinem Tode im Jahre 1962 Direktor dieses Instituts in Seewiesen. Kennzeichnend für den Naturwissenschaftler von Holst ist, daß er – neben allgemeinen Aufsätzen und Vorträgen – etwa 80 wichtige, zum Teil grundlegende Spezialuntersuchungen veröffentlicht, aber nie ein Buch geschrieben hat.

# Erich von Holst:
# Zentralnervensystem
## Fünf Beiträge zur Verhaltensphysiologie

Mit einem Nachwort
von Ilse Hanns-Bungers

Deutscher
Taschenbuch
Verlag

dtv

Juli 1974
Deutscher Taschenbuch Verlag GmbH & Co. KG,
München

Umschlaggestaltung: Celestino Piatti
Gesamtherstellung: C. H. Beck'sche Buchdruckerei,
Nördlingen
Printed in Germany · ISBN 3-423-04152-8

Inhalt

# Vom Wesen der Ordnung im Zentralnervensystem (1937)

Im Jahre 1894 stellte der Physiologe Friedländer folgenden einfachen Versuch an: Er schnitt einen Regenwurm in zwei Hälften und knüpfte beide wieder durch ein Stück Nähgarn aneinander. Als nun die vordere Wurmhälfte zu kriechen begann, zog sie die hintere nach sich, und es zeigte sich überraschenderweise, daß die peristaltischen Kriechwellen ordnungsgemäß über den ganzen Wurm liefen, so als ob er gar nicht durchschnitten wäre. Beide Wurmhälften krochen *koordiniert*. Er zog daraus den Schluß, daß die anatomische Kontinuität des Bauchmarks zur Erregungsfortleitung nicht unbedingt erforderlich sei. Es genügt, wenn jedes Segment bei seiner Verkürzung am nächstfolgenden zieht. Dieser Dehnungsreiz löst im nächsten Segment den gleichen Kontraktionsvorgang aus. So wie in einer Reihe hintereinanderstehender Flaschen eine nach der anderen umfällt, wenn man die erste gegen die zweite stößt, diese gegen die dritte fällt usw., so etwa ergreift die »*Reflexkette*«, wie J. Loeb den Vorgang genannt hat, ein Wurmsegment nach dem anderen.

Diese Reflexkettenvorstellung erfreute sich bald allgemeiner Beliebtheit, denn sie schien geeignet, zahlreiche Fälle einer nervösen Koordination verständlich zu machen. Als Reflexkette konnte man die »Wellen«bewegung eines schwimmenden Aales, einer kriechenden Raupe, das Nacheinander der Beinbewegungen eines laufenden Tausendfußes und auch das Laufen von Pferd und Hund auffassen. Man brauchte nur anzunehmen, daß jedes Segment oder Bein reflektorisch die Bewegung des ihm zeitlich nachfolgenden Segmentes oder Beines auslöst. Auch die rhythmische Aufeinanderfolge der gleichen Bewegung, das Schlagen eines Vogelflügels, das Schwingen einer Fischflosse, ließ sich in ähnlicher Weise leicht verstehen, wenn man annahm, daß jede Muskelverkürzung den Reflexreiz zur folgenden Verkürzung des gleichen Muskels oder eines Gegenspielers lieferte. Einen solchen Vorgang nannte man, zum Unterschied von einer Reflexkette, einen »*Kettenreflex*«. Derartige Reflexabläufe galten und gelten auch heute noch vielfach als die Grundlage der nervösen Bewegungskoordination.

Indessen hat doch sehr bald eine Anzahl von Forschern sich mit dieser Lehre nicht zufrieden geben wollen. Man wurde allmählich auf die weniger starre, mehr autonome, abwechslungsfreudige Tätigkeit des Nervensystems aufmerksam. Man begann – als Reaktion auf die Kettenreflexlehre – von der »Ganzheitlichkeit«, »Totalität«, »Plastizität« des Nervensystems zu sprechen, und gegenwärtig scheint sogar die Meinung mehr und mehr Anhänger zu gewinnen, daß wir es beim Zentralnervensystem (ZNS) mit einem Organ zu tun haben, welches sich, sei es wegen seiner hohen inneren Komplikation, sei es wegen des Hineinwirkens »überphysikalischer« Faktoren, einer exakten Funktionsanalyse grundsätzlich entzieht. So schreibt ein Nervenphysiologe von den »physikalisch-energetisch unbestimmbaren Leistungen« des ZNS; er meint, daß dieses »Leistungsganze eine der rein analytisch orientierten Forschung unzugängliche Eigengesetzlichkeit« enthielte, daß es »unmöglich erscheine, das intrazentral ablaufende Geschehen mit messenden Methoden erfassen zu können«.

Der vorliegende Aufsatz will einen kurzen Überblick über eigene Untersuchungen zu diesem Thema geben, die mich zu einer neuen Auffassung vom Wesen der nervösen Koordination geführt haben.

## I.

Knüpfen wir beim Regenwurm als dem allgemein anerkannten Musterbeispiel einer Reflexkette an. Wenn die Erregungsfortleitung über den Wurmkörper tatsächlich eine Reflexkette sein soll, dann muß sie verschiedene Bedingungen erfüllen. Die Erregung muß stets ein Segment *nach* dem anderen ergreifen, so wie die Flaschen beim Anstoßen der ersten eine nach der anderen umfallen. Das trifft aber unter manchen Bedingungen, z. B. nach der Einwirkung von Äther, nicht zu. Hier strecken und verkürzen alle Segmente sich mehr oder weniger genau gleichzeitig. Sodann dürfte die Erregung durch eine längere Bauchmarkstrecke, an der man beiderseits alle abzweigenden Nerven durchtrennt hat, nicht passieren können, denn die Reflexkette ist ja hier unterbrochen; in Wirklichkeit aber durchläuft die Erregung solche Strecken isolierten Bauchmarks sogar mit beschleunigter Geschwindigkeit. Schließlich dürfte der rhythmische Kontraktionsimpuls in einem Stück Bauchmark, das man aus dem Wurm herauspräpariert und in physiologische Lösung legt, nicht mehr zustande kommen, da hier ja alle Möglichkeiten eines Reflexreizes genommen sind – in Wirklichkeit läuft in solch einem isolierten Bauchmarkstück der Rhythmus pausenlos ab. Durch Ableitung der elektrischen Entladungen der Ganglienzellen läßt sich das Weiterlaufen des Rhythmus noch über Stunden nachweisen (unpubliziert). Der zentrale Rhythmus bedarf also überhaupt nicht notwendig peripherer Reize, er ist nicht reflektorischer, sondern *automatischer* Natur.

Nehmen wir uns eine andere vermeintliche Reflexkette vor, die rhythmische Schlängelbewegung eines Fisches, so kommen wir wieder zum gleichen Ergebnis. Wenn man einem Aal in einer längeren mittleren Strecke beiderseits am Rückenmark entlang alle peripheren Nerven durchtrennt, so daß Kopf- und Schwanzstück nur durch den Rückenmarksstrang nervös verbunden sind, dann schwimmen doch diese beiden Körperenden (auch nach Ausschaltung gegenseitiger mechanischer Beeinflussungsmöglichkeit) in der gegenseitigen Ordnung, die sie beim intakten Tier innehatten, so, als ob die mittlere Muskelpartie noch in Funktion wäre. Eine Reflexkette könnte das nicht leisten. Und wenn man einer Schleie beiderseits sämtliche dorsalen Rückenmarkswurzeln unter Schonung der ventralen Wurzeln durchtrennt, so daß aus dem Rumpf keine Reize mehr aufgenommen werden können, da die zentripetalen Bahnen zerstört sind, dann schwimmt diese Schleie doch noch umher, nur sind die Bewegungen wesentlich schwächer. Auch hier also entstehen die Impulse, die durch die ventralen Wurzeln zur Muskulatur gelangen, automatisch im Rückenmark, sie bedürfen keiner reflektorischen Auslösung. Den gleichen Versuch einer Durchtrennung der dorsalen Wurzeln hat, mit gleichem Erfolg, schon vor über zwanzig Jahren Graham Brown an Säugern ausgeführt. Wir kommen später noch einmal auf einen anderen, weniger rohen Beweis der automatischen Natur des Bewegungsrhythmus zu sprechen. Das Nervensystem gleicht also nicht so sehr einem faulen Esel, dem man einen Schlag geben muß oder, um den Vergleich genauer zu machen, der sich jedesmal selbst in den Schwanz beißen muß, ehe er einen Schritt tun kann, sondern eher einem temperamentvollen Pferde, das ebenso der Zügel als der Peitsche bedarf.

Von ganz anderer Seite her wurden insbesondere von Bethe Einwände gegen die Reflexkettentheorie erhoben. Bethe sah, daß bei vielen Tieren die Koordination der Beinbewegungen nicht starr, maschinell festgelegt ist, sondern daß sie sich nach gewissen Eingriffen weitgehend ändern kann. So läuft z. B. die

Stabheuschrecke – das Beispiel stammt von v. Buddenbrock – wie die meisten Insekten in der Weise, daß das erste und dritte Beinpaar sich gleichsinnig bewegen, während das zweite sich in jeweils entgegengesetzter Phase befindet. Amputiert man nun das zweite Beinpaar, dann laufen das erste und dritte nicht mehr gleichsinnig, im Paßgang, wie vorher, sondern gegensinnig, im Kreuzgang, so wie eine Eidechse oder ein trabendes Pferd. In der Hoffnung, vielleicht am ehesten bei vielfüßigen Tieren eine gewisse Gesetzmäßigkeit in solchen Umstellungen aufzufinden, untersuchte ich verschiedene Hundertfüßer (Chilopoden) und

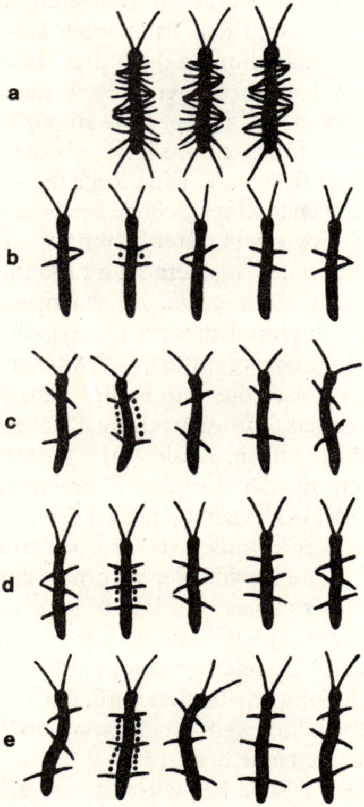


*Abb. 1 Phasen aus der Laufbewegung eines Lithobius (nach Filmen). a normales Tier, b und c nach Amputation von allen Beinpaaren bis auf 2, d und e nach Amputation aller bis auf 3 Beinpaare. (Die Punkte im jeweils zweiten Bild der Reihe deuten die Zahl der Segmente zwischen den Beinen an.)*

fand bei Lithobius etwa folgendes: Der normale Lithobius bewegt seine Beine in »Wellen«-Form. Jedes Bein hat vom nächsten einen geringen Phasenabstand von etwa $^1/_7$ Schritt; eine »Welle« umfaßt je 6 bis 7 Beine (s. Abb. 1 a). Amputiert man nun ein Beinpaar nach dem andern, dann nimmt der Phasenabstand zwischen den übrigbleibenden Beinen immer mehr zu, bis er bei 3 und 2 erhaltenen Beinpaaren das Maximum von einem halben Schritt ausmacht (Abb. 1 b–e). Ein Lithobius mit 4 Beinen läuft also wie eine Eidechse oder ein trabendes Pferd im Kreuzgang. Das Bemerkenswerte daran ist nun, daß es innerhalb gewisser Grenzen gleichgültig ist, wie groß der anatomische Abstand zwischen den übriggebliebenen Beinen ist, ob er 1, 2, 3, 4 oder 5 Segmente beträgt. Von einer festgefügten reflektorischen Bewegungsbeziehung der Beine kann also keine Rede sein. Der Lithobius mit 3 Beinpaaren läuft dementsprechend wie ein Insekt. Und wiederholt man nun mit dem »Pseudoinsekt« (1 d) den vorhin an der Stabheuschrecke beschriebenen Versuch, so ist das Ergebnis das gleiche: Nach Amputation des mittleren Beinpaares bewegen sich die restlichen Beine im Kreuzgang (1 c). Als allgemeine Regel läßt sich jedenfalls ableiten, daß der Phasenabstand um so größer ist, je weniger Beine vorhanden sind, eine Regel, in die sich auch die übrigen Arthropoden, freilich mit etlichen Ausnahmen, einfügen. Diese Regel bedeutet, allgemeiner gefaßt: *Die Vorgänge in einem Ganglion hängen quantitativ ab von den Vorgängen in allen übrigen tätigen Ganglien.*

Zu einer ganz entsprechenden Vorstellung einer quantitativen gegenseitigen Beziehung der einzelnen Teile des Nervensystems kommt man auch auf einem anderen Wege. Es ist schon seit etwa hundert Jahren bekannt, daß bei den Arthropoden die Exstirpation einer Hirnhälfte zur Folge hat, daß die Tiere nur noch in Kreisen nach der intakt gebliebenen Seite herumlaufen. Jede Hirnhälfte schickt, so kann man es ganz primitiv deuten[1], in die Bauchganglien Erregung, die eine Krümmung nach der betreffenden Seite bewirkt; sind beide Hirnhälften gleich stark tätig, dann hebt ihr Effekt sich auf, entfernt man eine, dann springt die Wirkung der anderen sichtbar hervor. Mit den Hundertfüßern, die nach einseitiger Enthirnung sehr regelmäßige Kreise beschreiben, kann man nun folgenden Versuch machen: Man schaltet einen Teil, z. B. das letzte Drittel der Ganglienkette aus, indem man sie durchtrennt oder einfach die betreffen-

[1] In Wirklichkeit ist die Deutung etwas komplizierter, doch in diesem Zusammenhang unwesentlich.

den Segmente abschneidet. Der Erfolg ist, daß die vorderen Segmente sich nun sogleich stärker krümmen, so daß die gelaufenen Kreise um fast die Hälfte kleiner sind. Verkürzt man das Bauchmark noch weiter von hinten her, dann werden die Kreise noch enger, wie sich an Hand von Laufspuren auf berußtem Untergrund genau ausmessen läßt. Das bedeutet, daß die *Stärke des Hirneinflusses* in jedem Bauchmarkganglion *zunimmt mit Abnahme der Anzahl der Ganglien*, auf die dieser Einfluß sich erstreckt. Man kann sich vielleicht bildlich vorstellen, daß eine gewisse »Menge« von »Hirnerregung« sich das eine Mal über viele, das andere Mal über wenige Ganglien ausbreitet; im ersten Fall bekommt jedes einzelne Ganglion weniger von dieser Erregung ab, im zweiten mehr. Mag nun diese Deutung treffend sein oder nicht, jedenfalls offenbart sich auch hier wieder ein quantitatives Prinzip in der Wechselwirkung der Teile des Nervensystems.

## II.

Mit den bisher beschriebenen Methoden, nämlich der Beobachtung des Verhaltens nach Amputation von Körperteilen und anderen schweren chirurgischen Eingriffen, kann man meines Erachtens schwerlich hoffen, mehr als nur ganz allgemeine Grundlinien der nervösen Funktion aufzudecken, selbst wenn man diese Versuche noch so sehr in die Breite ausdehnte. Es galt ein schonenderes Verfahren zu finden, das uns Einblicke in die intimeren Vorgänge der nervösen Koordination möglich macht.

Bevor wir auf ein solches Verfahren zu sprechen kommen, wollen wir uns vor Augen führen, was man von einer Methode auf diesem Gebiet fordern muß, wenn sie brauchbar sein soll. Schwierigkeiten verschiedener Art kommen zusammen, um die Einsicht in die zentralnervösen Vorgänge zu versperren. Die erste Schwierigkeit ist diese: Die zentrale Leistung, in unserem Falle die bestimmte Ordnung verschiedener motorischer Bewegungen, tritt uns stets als ein fertiges, harmonisches Gebilde entgegen. Die Ordnung ist da mit dem Moment, in dem das Tier aus der Ruhe in die Bewegung übergeht. Es ist daher ebenso unmöglich, aus dieser fertigen Koordination auf die Kräfte ihrer Ausbildung Rückschlüsse zu ziehen, wie etwa für den Entwicklungsphysiologen, aus dem fertigen Organismus auf die Triebfedern seiner Entwicklung zu schließen. Diese Schwierigkeit zwingt uns, nach Objekten zu suchen, bei denen die feste, absolute Koordination zwischen den einzelnen Bewegungsorganen nicht die einzig mögliche Beziehung, sondern nur einen Extremfall darstellt – das andere Extrem wäre dann das Fehlen jeder gegenseitigen Bewegungsbeziehung. Solche Objekte könnten uns vielleicht alle Übergangsstufen, alle Grade einer gegenseitigen Beeinflussung vom Beginn einer inneren Fühlungnahme bis zur stärksten gegenseitigen Bindung in extenso vorführen.

Die zweite Schwierigkeit liegt in der Vielfältigkeit, in der Komplexheit des Geschehens. Es ist anzunehmen, daß zumindest mehrere verschiedene Kräfte am Werk sind, und eine brauchbare Methode sollte es ermöglichen, aus dieser Rechnung mit zu vielen Unbekannten bald diese, bald jene Größe einzeln auf den Plan treten zu lassen.

Die dritte Schwierigkeit liegt in der bekannten Tatsache begründet, daß beim intakten Tier keine Bewegung der anderen genau gleicht, so daß exakte Messungen nie recht gelingen – eine Erscheinung, die von manchen als Anzeichen einer überphysikalischen Leitung, eines freien Willens, von anderen aber als Folge der stets wechselnden äußeren und inneren Einwirkungen auf die nervösen Abläufe aufgefaßt wird. Diese dauernde Unregelmäßigkeit müßte ebenfalls auf irgendeine Weise beseitigt werden.

Ein Verfahren, das die genannten Forderungen erfüllt, lernte ich an der Zoologischen Station in Neapel kennen, deren Leiter, Prof. Reinhard Dohrn, ich für mannigfache Förderung und Unterstützung zu großem Dank verpflichtet bin. Eine ganze Anzahl verschiedener Fischgattungen (Labrus, Crenilabrus, Sargus, Serranus, Corvina u. a.) zeichnet sich dadurch aus, daß sie sich nicht mit den üblichen Schwanzschlägen fortbewegen, sondern beim ruhigen Dahingleiten den Rumpf unbeweglich halten und nur mit den Flossen, und zwar Brust-, Rücken- und Schwanzflossen, gleichmäßig rhythmische Schwingungen ausführen. Schon durch Beobachtung und an Hand von Filmstreifen erkennt man, daß diese einzelnen Flossenrhythmen entweder streng im gleichen Takt – in *absoluter* Koordination – oder, unter Umständen schon im nächsten Augenblick, völlig voneinander unabhängig, also *ohne* jede Koordination, ablaufen können. Am häufigsten aber ist, daß die einzelnen Rhythmen zwar in ganz verschiedener Frequenz ablaufen, dabei aber einer auf den anderen einen ganz bestimmten *quantitativen* Einfluß ausübt. Dieses Verhalten stellen wir der absoluten Koordination als einen neuen Ordnungstyp, als die *relative* Koordination gegenüber.

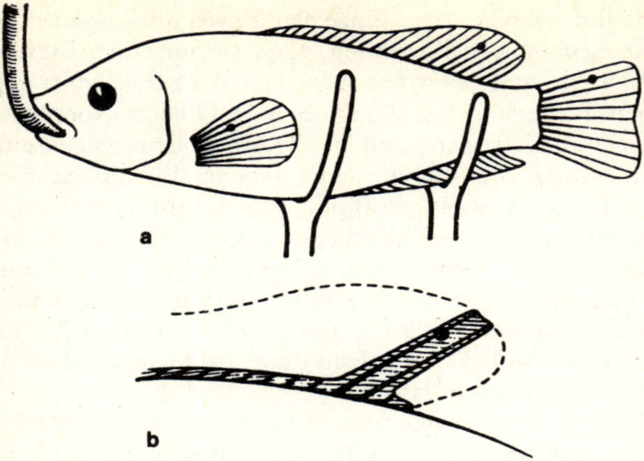


*Abb. 2 a Labrus; Schema der Versuchsanordnung. Die mit · bezeichneten Stellen der Flossen werden mit den Hebeln verbunden. b Rückenflosse von Labrus; nur 2 Flossenstrahlen, deren Bewegung registriert wird, sind erhalten, die übrigen weggeschnitten (Einzelheiten s. Text).*

Die Methode zur genaueren Registrierung dieser Bewegungen ist einfach: Dem Fisch wird zunächst in Narkose an einer bestimmten Stelle das verlängerte Mark quer durchtrennt. Diese Operation macht aus einem unberechenbaren Wesen mit einem Schlage einen *Präzisionsapparat*, dessen Bewegungen völlig ebenmäßig ablaufen, solange man die äußeren und inneren Bedingungen konstant hält, der aber jede Einwirkung mit einer ganz bestimmten Tätigkeitsänderung beantwortet. Nach der Operation bleibt die Atembewegung stehen[2], der Fisch wird in einem Wasserbecken an ein Wasser zuleitendes Rohr angeschlossen, der Körper gestützt und die einzelnen Flossen in zweckentsprechender Weise mit leichten Schreibhebeln verbunden (Abb. 2a). Wenn man Tiere von etwa Handgröße verwendet, genügt es, von der ganzen Flosse 2 oder 3 Flossenstrahlen stehenzulassen, die mit dem Hebel verbunden werden, und alles übrige fortzuschneiden (Abb. 2b). Jeder einzelne Flossenstrahl hat sein eigenes Paar antagonistischer kleiner Muskeln, die ihn hin und her bewegen und die, da sie auf die Überwindung eines Wasserwiderstandes eingerichtet sind, durch die viel geringeren Widerstände der Hebelschreibung nicht merklich behindert werden. Zu erwähnen ist, daß die einzelnen Flossen, wie leicht festzustel-

[2] Der Schnitt geht durch das sogenannte Atemzentrum.

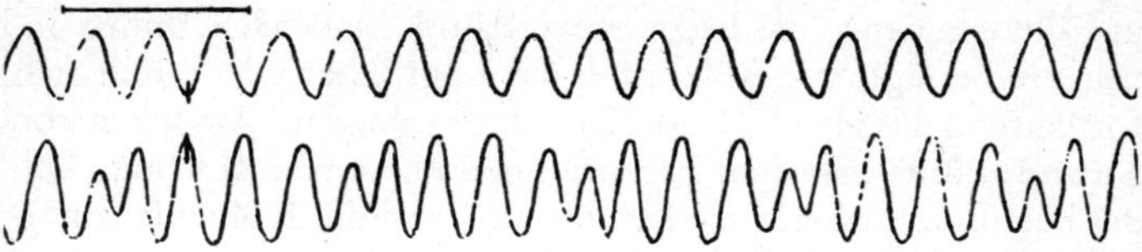

*Abb. 3 Registrierung der Bewegung einer Brustflosse (obere Kurve) und der Rückenflosse (untere Kurve) von Labrus. (Der horizontale Strich bezeichnet die Zeitdauer von 2 Sekunden.)*

len, keine gegenseitige äußere, mechanische Bewegungsbeeinflussung erleiden. Etwa 20 Minuten bis 2 Stunden nach der Operation setzt allmählich das Schwingen einer nach der anderen Flosse wieder ein und dauert dann ununterbrochen bis zum Tode des Tieres fort, der bei guten Präparaten erst nach 3 bis 5 Tagen eintritt.

Wie schon erwähnt, können die Flossen sich in verschiedenem Takt bewegen, und wir wollen nun erfahren, welcher Art die Einflüsse sind, die ein Rhythmus dabei auf den anderen ausüben kann. Es kommen hier zwei verschiedene Phänomene zum Vorschein, die nacheinander besprochen seien.

Abb. 3 zeigt einen kurzen Kurvenausschnitt. Es schwingen die eine Brustflosse und die Rückenflosse. Der obere Rhythmus ist völlig ebenmäßig, unabhängig, der untere zeigt eine ganz deutliche Periodizität, die sowohl Amplitude als auch Frequenz betrifft. Die äußere Form dieser Perioden ändert sich mit dem Frequenzverhältnis beider Rhythmen in ganz bestimmter Weise. Am übersichtlichsten erscheint für das bloße Auge die Periodik

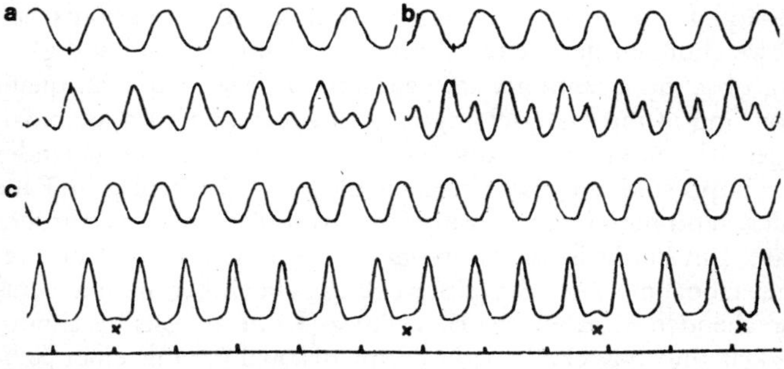


*Abb. 4 Labrus, Registrierung wie in Abb. 3. Alle drei Kurvenausschnitte vom gleichen Tier (in c unten die Zeit in Sekunden).*

in Fällen, in denen das Frequenzverhältnis beider Rhythmen genau 1:2 beträgt, wie Abb. 4a, b das zeigt. Hier wiederholt sich fortlaufend das gleiche Bild. (Der Unterschied im Aussehen von 4b und a rührt von einer gegenseitigen Phasenverschiebung beider beteiligten Rhythmen her, die an Hand der Koinzidenzmarken erkennbar ist.) Auf Abb. 4c kommen wir später zu sprechen. Alle solche Kurvenstücke erinnern wohl sogleich an Perioden, wie man sie durch Überlagern zweier Sinuskurven erhält. Und wenn man eine solche Kurve auf eine Grammophonplatte aufnähme und diese abspielte, so wäre das Ergebnis in der Tat das Erklingen zweier Töne, z. B. im Falle von Abb. 4 einer Oktave. Es sieht also danach so aus, *als ob* die eine Flossenschwingung das Bewegungsbild eines im Rückenmark ablaufenden Überlagerungsprozesse zweier rhythmischer Erregungsvorgänge unbekannter Natur sei.

Um die Kurven genauer auszuwerten, bediente ich mich nicht eines der in der Technik üblichen, auf dem Prinzip der Fourierreihen beruhenden Verfahrens, denn die Frage, ob hier Überlagerungsprozesse irgendwelcher Art vorlägen, war ja erst zu prüfen und darum nichts dergleichen vorauszusetzen. Sondern ich arbeitete mir ein anderes Verfahren aus, das dem Zustandekommen dieser Perioden alle Möglichkeiten offenläßt, aber genauere Angaben über den periodischen Wechsel der Frequenz einerseits und der Geschwindigkeit, mit der jede Einzelbewegung ausgeführt wird, andererseits und über die zeitlichen Beziehungen dieser Größen zueinander und zum Ablauf des unabhängigen Rhythmus gestattet (Methode der Zeit- und Geschwindigkeitstafeln). Auf eine nähere Beschreibung dürfen wir hier verzichten; sie ist zum Verständnis des Folgenden nicht unbedingt notwendig. Es zeigt sich nun, daß die periodischen Abweichungen der Zeiten (Frequenzen) und Geschwindigkeiten, obschon quantitativ in weitesten Grenzen variabel, qualitativ und in ihren Beziehungen zueinander und zum unabhängigen Rhythmus streng übereinstimmend und fest miteinander verknüpft sind, und zwar in einer solchen Weise, wie es im Falle einer zentralen Überlagerung der Automatismen zu fordern wäre. Ein Punkt ist dabei besonders erwähnenswert: Jede Frequenzzunahme einer Einzelbewegung geht einher mit einer entsprechenden Abnahme der Bewegungs(Kontraktions)geschwindigkeit und umgekehrt jede Frequenzabnahme mit einer Steigerung der Geschwindigkeit. Diese Tatsache macht von vornherein den Versuch unmöglich, jene Periodenbildung des einen

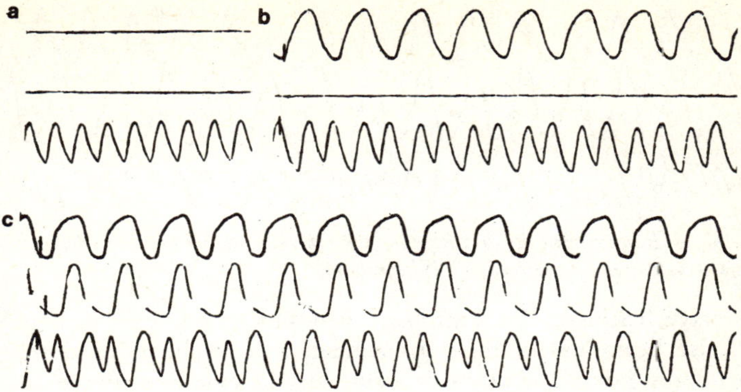


*Abb. 5 Bewegung der einen Brustflosse (obere Kurve), der anderen (mittlere Kurve) und der Schwanzflosse (untere Kurve). In a sind beide Brustrhythmen durch Druck auf die Körperseiten gehemmt; in b ist nur ein Brustrhythmus gehemmt, in c schwingen beide Brustflossen alternierend.*

Rhythmus mit einem periodisch wechselnden allgemeinen »erregenden« und »hemmenden« Einfluß von seiten des anderen Rhythmus zu erklären; denn im Augenblick, wo die Frequenz »erregt« wird, erfährt ja der Kontraktionsvorgang selbst eine »Hemmung« und umgekehrt.

Soll die Superpositionshypothese richtig sein, dann muß sie aber noch weitere Forderungen erfüllen. Sobald man den einen der beiden sich überlagernden Rhythmen zum Stillstand bringt, muß der andere sofort gleichmäßig weiterlaufen. Das ist stets der Fall, und das Kurvenbeispiel Abb. 5 zeigt es. Man sieht zunächst (5 a) beide unabhängigen Brustrhythmen durch einen Druckreiz auf die Körperseiten zum Schweigen gebracht; dann setzt ein Brustrhythmus wieder ein (5 b) und schließlich beide (5 c). Die Brustflossen schlagen hier genau alternierend; dabei addiert sich erfahrungsgemäß stets ihre Wirkung auf den abhängigen Rückenflossenrhythmus. Sie beträgt beim Schwingen beider Brustflossen in diesem Fall um etwa 90% mehr als beim Schwingen nur der einen Brustflosse.

Hieran schließt sich sogleich eine weitere Probe. Wenn die Brustrhythmen, solange die Brustflossen alternierend schwingen, sich in ihrer Wirkung auf den abhängigen Rhythmus addieren, müßten sie sich folgerichtig bei synchronem Schwingen der Brustflossen subtrahieren, in ihrer Wirkung durch Interferenz gegenseitig aufheben. Nun kann man die Geschwindig-

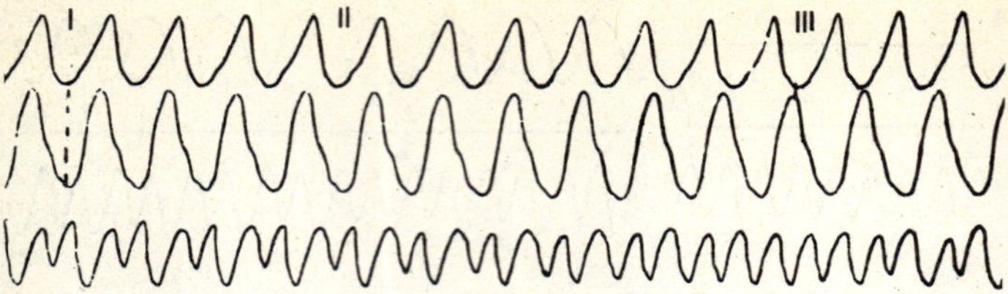


*Abb. 6 Registrierung der drei Rhythmen wie in Abb. 5. Bei I und II schwingen die Brustflossen alternierend, bei III synchron.*

keitsverhältnisse der einzelnen Rhythmen auf verschiedene Weise beeinflussen. Im vorliegenden Fall (Abb. 6) ist durch Änderung der $O_2$-Zufuhr bewirkt, daß die eine Brustflosse um ein wenig schneller schlug als die andere und diese auf der gezeigten Kurvenstrecke gerade um einen Schlag überholte. An der Stelle, wo beide Brustflossen synchron schwingen (mit III bezeichnet), wird der abhängige Rhythmus tatsächlich vorübergehend völlig ebenmäßig – aber nicht etwa, weil die Brustrhythmen auf ihn nicht mehr einwirkten, sondern weil ihre beiden Wirkungen sich gegenseitig genau aufheben.

Im Beispiel, das Abb. 5 wiedergibt, waren der bzw. die *unabhängigen* Rhythmen gehemmt (5 a), und der abhängige lief in der ihm eigenen Frequenz gleichmäßig weiter. Man kann nun auch umgekehrt den *abhängigen* Automatismus allein (z. B. durch Druckreiz auf die Schwanzflosse) zum Stillstand bringen. Der Erfolg ist, daß die dem abhängigen Automatismus zugehörige Flosse nicht etwa stehenbleibt, sondern daß sie mit schwacher Amplitude und streng im *Takt* des *unabhängigen* Rhythmus weiterschwingt. Eine Hemmung des unabhängigen Rhythmus bringt nun auch den abhängigen zum gleichzeitigen Stillstand.

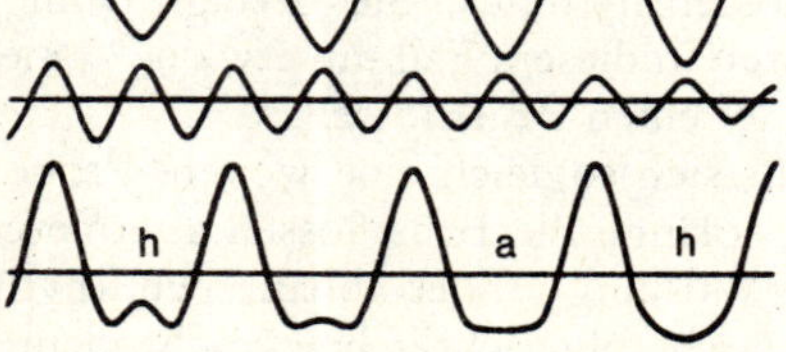


*Abb. 7 Zwei gezeichnete Sinuskurven von zu- bzw. abnehmender Amplitude; darunter die Superposition beider Kurven (h = Nullage oder Ruhelage).*

Auch dieser Versuch spricht für zentrale Superposition und ist auf irgendeine andere Weise m. E. nicht zu verstehen.

Eine weitere Prüfungsmöglichkeit ist diese: Abb. 7 zeigt zwei gezeichnete Sinuskurven vom Frequenzverhältnis 1:2. Die eine nimmt an Amplitude zu, die andere ab. Die Überlagerung beider Kurven ergibt zunächst noch eine große und eine kleine Schwingung, dann halten sich Wirkung und Gegenwirkung genau die Waage, die kleine Schwingung verschwindet (bei a), und schließlich schlägt die Superpositionskurve an der betreffenden Stelle sogar nach der Gegenseite aus. Wenn also die Superpositionshypothese richtig ist, muß unter entsprechenden Bedingungen bei zunehmender Stärke des sich überlagernden Rhythmus ein Moment kommen, wo ein Kurvengipfel verschwindet, und dann weiter, wo an die Stelle der Bewegung nach einer Richtung sogar eine Bewegung in die Gegenrichtung tritt. Dieses Verhalten wäre ebenfalls wieder mit »Erregung« und »Hemmung« nicht zu deuten; eine noch so starke Hemmung z. B. könnte nie mehr als Stillstand, nicht aber Richtungsumkehr der Bewegung erzeugen. Betrachten wir noch einmal das schon gezeigte Beispiel Abb. 4. In 4a ist die Superposition noch schwächer, es folgen sich große und kleine Gipfel. In 4c ist genau der Zustand erreicht, wo beide Automatismen sich die Waage halten. Nur die charakteristische Kurvenform (unten sehr stumpfe, oben sehr spitze Kurvengipfel) und ferner jene mit × bezeichneten ganz kleinen Zacken verraten noch, daß da ein Automatismus doppelt so schnell läuft wie der andere. In Abb. 8 nun sieht man auf kurze Strecke den Übergang von fast überhaupt keiner Einwirkung zum Extrem einer Richtungsumkehr der Bewegung. Die Wirkung ist durch zunehmende Wasserabsperrung erzielt;

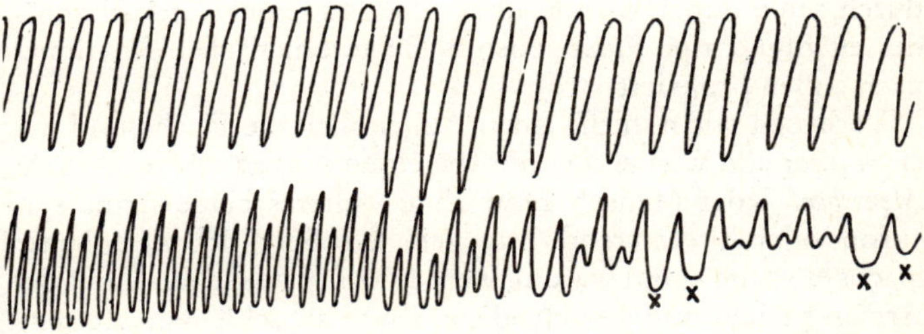


*Abb. 8 Registrierung des Brustrhythmus (obere Kurve) und des Rückenflossenrhythmus (untere Kurve). Das Frequenzverhältnis beider Automatismen beträgt 1 : 2. Dem Präparat ist zunehmend die Wasserzufuhr abgesperrt.*

das Präparat befand sich also hier in fortlaufend sich ändernden physiologischen Arbeitsbedingungen, daher die Inkonstanz der Frequenzen und Amplituden. Zunächst, am linken Kurvenrande, ist der zentrale Einfluß des oberen Rhythmus auf den unteren ganz gering. Er nimmt dann fortlaufend zu, um schließlich an den mit × bezeichneten Stellen (analog wie im Schema Abb. 7, rechts) an die Stelle eines kleinen Ausschlags nach oben eine weite Exkursion nach unten treten zu lassen. Also auch dieser experimentellen Prüfung gegenüber erweist die Hypothese sich als stichfest.

In den bisher gezeigten Beispielen war immer ein Rhythmus unabhängig und ein zweiter von diesem beeinflußt. Es kommt jedoch auch vor, daß beide Rhythmen aufeinander gegenseitig einwirken, und schließlich, daß zwei oder drei Rhythmen verschiedener Frequenz auf einen vierten ihren Einfluß ausüben. Auch in allen diesen komplizierteren Fällen ergab die Analyse bisher stets das theoretisch erwartete Ergebnis. Die Vorstellung einer zentralen Überlagerung der verschiedenen rhythmischen Abläufe darf nach alledem gegenwärtig als gut gestützte Theorie gelten. Wir können also *bildlich von automatisch-nervösen »Zwei-«*, *»Drei-«* oder *»Vierklängen«*, je nach der Zahl der beteiligten Rhythmen, sprechen, Mehrklängen, die in der Aktion der peripheren Muskulatur ihr äußeres Abbild finden.

Daß es sich dabei um rein automatische Vorgänge handelt, an denen Reflexreize unbeteiligt sind, erhellt unter anderem daraus, daß man die zur Flosse eines sich überlagernden Rhythmus führenden Nerven alle durchtrennen kann, ohne den Superpositionseffekt damit aufzuheben. Die betreffende Flosse ist zwar selbst lahmgelegt, aber das Weiterlaufen des ihrer Bewegung zugrunde liegenden automatischen Vorganges bleibt sichtbar durch seine Superposition über einen anderen Automatismus, dessen zugehörige Flosse eben beide automatischen Rhythmen nach außen projiziert.

Verlassen wir nun für einen Augenblick die Fische und machen über alle Wirbeltiere hinweg einen kurzen Abstecher zum *Menschen*. Jeder Mensch kann ohne weiteres beide Arme synchron oder alternierend bewegen. Größere Schwierigkeiten macht es schon – und warum, werden wir später sehen –, mit den Armen gleichzeitig verschiedene Takte zu schlagen. Meistens gelingt es aber ohne Mühe, wenigstens mit einem Arm genau doppelt so schnell zu schlagen wie mit dem anderen. Ich habe nun eine Anzahl von Personen diese Bewegung bei geschlossenen Augen ausführen lassen und sie durch entsprechende Schreibhebelregistrierung festgehalten. Die Versuchspersonen wurden über den Zweck des Versuches nicht unterrichtet und nur ermahnt, beide Arme möglichst gleichmäßig zu bewegen. Ein ganz typisches Ergebnis sehen Sie nun in Abb. 9. Der eine Arm macht in Abb. 9a Perioden von genau der Art, wie wir sie bei den Flossenrhythmen kennenlernten (Abb. 4). In 9b verraten die kleinen Zacken der unteren Kurve, daß hier auch dieser Rhythmus vom oberen beeinflußt war. Interessant ist nun, daß die gegenseitige Beeinflussung der Bewegungen in der Regel unbewußt abzulaufen scheint. Der Student, der diese Kurve schrieb, war nachher über ihr Aussehen sehr erstaunt, denn er hatte sich eingebildet, beide Arme in fortlaufend gleichbleibender Amplitude bewegt zu haben. Aus solchen und vielen weiteren äußeren Übereinstimmungen dürfen wir gewiß noch nicht voreilig schließen, daß auch hier Superposition vorliegt – die Prüfung dieser Frage ist gegenwärtig noch nicht abgeschlossen –, sie mögen aber andeuten, daß diese Dinge nicht Phäno-

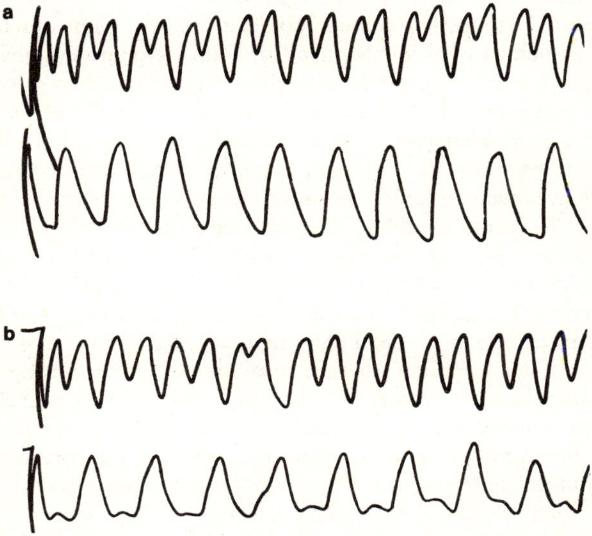


*Abb. 9 Registrierung der willkürlichen rhythmischen Auf- und Abbewegung der rechtwinkelig abgebogenen Unterarme im Frequenzverhältnis 2 : 1; die Versuchsperson hält die Augen geschlossen und ist bemüht, jeden Arm so gleichmäßig als möglich schwingen zu lassen. (Oben rechter, unten linker Arm. Beide Ausschnitte von der gleichen Versuchsperson.)*

mene irgendeines, vielleicht »aberranten« Fischnervensystems, sondern Vorgänge von allgemeiner zentraler Bedeutung sind. Wir kehren also zum Fischrückenmark nur deshalb wieder zurück, weil es uns die Untersuchung technisch so besonders erleichtert.

## III.

Die gewonnene Vorstellung, daß automatische, allmählich an- und abschwellende Erregungsvorgänge irgendwelcher Art die Ursache der rhythmischen Muskelbewegung sind, macht Schwierigkeiten, sobald man sie in Einklang zu bringen sucht mit dem, was wir über die Tätigkeit der motorischen Ganglienzellen durch die Aktionsstrommessungen am Nerv und Muskel wissen. Es steht danach wohl fest, daß die tätige motorische Ganglienzelle fortlaufend in schneller Zeitfolge Impulsstöße durch den Nerv aussendet. Diese Erregungssalven haben eine wechselnde Frequenz und jede Ganglienzelle in der Regel ihren eigenen Entladungsrhythmus. Wie nun die Tätigkeit der Motorneuronen so geordnet sein soll, daß im Zentrum ein gleichmäßig an- und abschwellender Erregungsvorgang resultiert, und wie gegebenenfalls mehrere derartige Vorgänge sich zu addieren vermöchten, das ist schwer auszudenken. Es gibt freilich einen Ausweg aus dem Dilemma, und der wäre, die automatische Rhythmenerzeugung in *andere* zentrale Elemente zu verlegen und die motorischen Zellen als Vermittler zwischen diesen Elementen und der peripheren Muskulatur anzusehen. Mit dieser Möglichkeit müssen wir uns jetzt näher befassen.

Auch im Verlauf der Analyse der relativen Koordination traten nämlich immer wieder Phänomene auf, die nur zu verstehen waren mit der Annahme, daß die Bildung und Überlagerung der automatischen Rhythmen sich nicht in den motorischen Zellen abspielt, welche die Muskelimpulse aussenden, sondern in anderen ihnen vorgeschalteten Regionen. Im Grunde handelt es sich immer um folgendes: Wenn ein Automatismus sich einem anderen überlagert, dann muß aus dem Abbild dieses Vorganges, aus der Bewegungskurve der einen Flosse, jede Stärkezu- oder -abnahme eines der beteiligten Automatismen zu entnehmen sein. Nun zeigt sich aber, daß die periphere Aktion, das Ausmaß der Flossenschwingung, auf gewisse Reize hin innerhalb weiter Grenzen zu- oder abnehmen kann, ohne daß dem

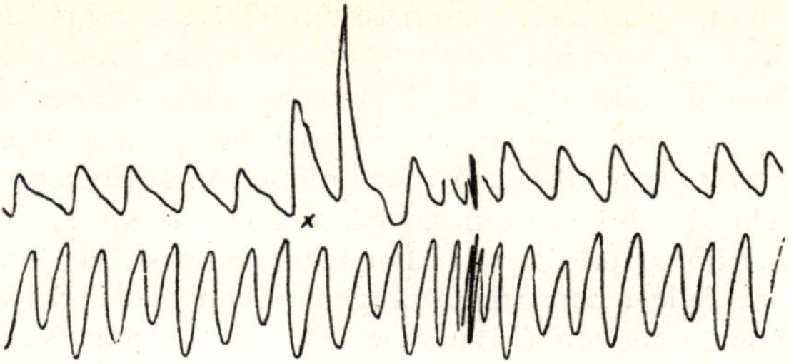

*Abb. 10 Sargus, oben Brust-, unten Schwanzrhythmus. Das Frequenzverhältnis beträgt 2:3; der abhängige Rhythmus zeigt fortlaufend Dreierperioden. Bei × bewirkte ein Nadelstich zweimal erheblich kräftigere Ausschläge der Brustflossenbewegung; kurz danach ist die Schreibfläche vorübergehend angehalten (an der Stelle einige nur scheinbare Unregelmäßigkeiten).*

irgendeine Änderung des betreffenden zugrunde liegenden automatischen Erregungsablaufes zu entsprechen scheint. Ein Beispiel zur Erläuterung: In Abb. 10 hat ein flüchtiger Nadelstich die Flosse des unabhängigen Rhythmus zu einem zweifach und vierfach größeren Bewegungsausschlag angeregt. Man sollte in diesem Falle erwarten, daß das Stärkeverhältnis beider Automatismen sich wesentlich zugunsten des unabhängigen Brustrhythmus verschieben würde. In Wirklichkeit aber deutet das Gleichbleiben des abhängigen Rhythmus darauf hin, daß das nicht der Fall ist. Das könnte man mit der Annahme verstehen, daß jener die Muskelaktion verstärkende Reiz gar nicht bis zum Automatismus vorgedrungen sei, sondern ihn umgangen und direkt auf die motorischen Ganglienzellen und damit auf die Muskulatur eingewirkt habe. Auch das Gegenstück dazu, die Abschwächung des automatischen Prozesses, läßt sich hervorrufen. Mit anderen Worten: die Stärke der Muskelaktion erweist sich anscheinend als in weiten Grenzen unabhängig von der Stärke des Automatismus.

Auf der Suche nach einer Möglichkeit, die schwebende Frage auf strengere Weise zu entscheiden, fand ich folgende Erscheinung: Die Schwanzflosse der untersuchten Fische schwingt nicht als ganze Fläche nach rechts und links, sondern obere und untere Flossenhälfte bewegen sich gegensinnig: wenn die eine nach rechts geht, geht die andere nach links. Dieses Verhalten läßt sich zur Beantwortung unserer Frage heranziehen, vorausgesetzt, daß es gelingt festzustellen, ob diesen gegensinnig schwingenden Flossenhälften zwei ebenfalls gegensinnig im

Rückenmark ablaufende automatische Prozesse zugrunde liegen (1) oder ob nur ein einziger Schwanzautomatismus existiert (2), auf den nun allerdings die Muskulatur beider Flossenhälften durch Vermittlung irgendeines Übertragungsmechanismus entgegengesetzt (reziprok) ansprechen müßte. Eine Entscheidung ermöglicht das Superpositionsphänomen, was an Hand des Schemas Abb. 11 erläutert sei. Die feinen Sinuskurven b und c mögen im Falle 1 den gegensinnigen Ablauf beider Schwanzautomatismen andeuten. Ihnen sei ein Brustautomatismus (a) überlagert. Man ersieht aus den dick ausgezogenen Kurven b und c, daß die durch den Rhythmus a hervorgerufenen Abweichungen bei beiden Rhythmen b und c stets gleichsinnig, nach derselben Richtung hin, erfolgen. Entsprechende gleichsinnige Abweichungen der Schwingbewegung beider Schwanzhälften müßte man für den Fall 1 erwarten. Im Falle 2 gibt es nur einen Schwanzautomatismus, es sei die feine Kurve c, und dementsprechend einen Überlagerungsprozeß (dicke Kurve c). Dieser Kurve c müßte eine Schwanzaktion entsprechen, während die andere Schwanzhälfte in jedem Moment eine entgegengesetzte, spiegelbildliche Aktion ausführen müßte, wie Kurve d andeutet. Das tatsächliche Verhalten zeigt Abb. 12: vollkommene Spiegelbildlichkeit, die sich sogar bis auf kleine Unebenmäßigkeiten erstreckt! Damit ist – die Richtigkeit der Superpositionstheorie vorausgesetzt – bewiesen, daß ein und derselbe Schwanzautomatismus beide Schwanzhälften in Gang bringt. Und wenn dem so ist, kann man deren entgegengesetztes Schwingen nur damit verstehen, daß zwischen den automatischen »Reiz« einerseits und die Muskulatur andererseits noch nervöse Elemente zwischengeschaltet sind, welche in zwei Gruppen zerfallen, die

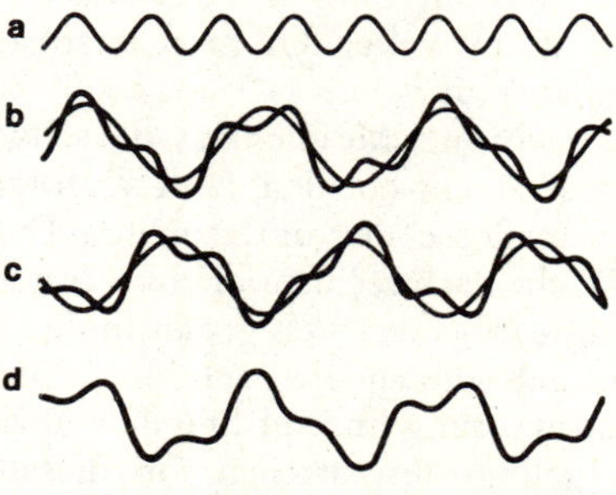


*Abb. 11 Schema zur Erläuterung von Abb. 12. Näheres s. Text.*

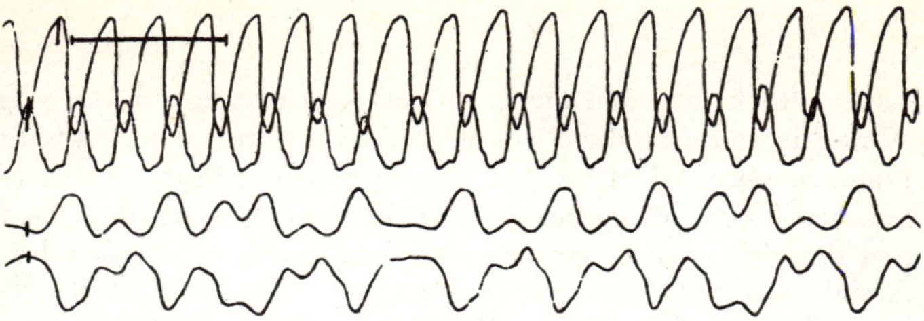

*Abb. 12 Registrierung beider alternierend schwingenden Brustflossen (obere Kurven) und der oberen und unteren Schwanzflossenhälfte. (Eine mittlere Partie von Schwanzflossenstrahlen ist herausgeschnitten.) Koinzidenzmarken am linken Kurvenende.*

auf den gleichen automatischen »Reiz« reziprok ansprechen und so das entsprechende Verhalten der Flossenhälften verursachen. Die »automatischen« Elemente können also nicht jene letzten motorischen Einheiten sein, von denen die Muskelimpulse ausgehen, oder anders gesagt: *Der Automatismus liegt außerhalb der »letzten gemeinsamen Strecke«*, welche von allen Erregungen passiert werden muß, die zur Muskulatur gelangen sollen.

Dieser Dualismus der automatischen und motorischen Funktion im ZNS bedeutet eine *Arbeitsteilung*. Die automatischen Elemente, nennen wir sie kurz automatische Zellen, bestimmen den Takt, die Frequenz der auszuführenden Muskelaktion; die motorischen Zellen sind die Übermittler des Befehls; aber von ihnen, genauer von der Zahl der von ihnen ausgesandten Impulse, hängt die Stärke, die Amplitude der Bewegung ab. Die motorischen Zellen sind nicht nur von den automatischen abhängig; sie dienen mehreren Herren. Wir sahen bereits, daß sie direkt auf periphere Reize ansprechen können, die gar nicht zu den automatischen Zellen hingelangen (Abb. 10), und im intakten Tier werden sie zweifellos auch Impulsen vom Hirn unmittelbar zugänglich sein. Umgekehrt gibt es natürlich auch Einwirkungen, die allein die automatischen Zellen treffen, die also nur auf den Takt der rhythmischen Bewegungen einwirken. Weiter unten kommen wir auf derartige Einwirkungen eingehend zu sprechen.

Wir wollen die Schilderung der rhythmischen Phänomene hier vorübergehend abbrechen und uns einem Versuch zuwenden, der zunächst scheinbar weitab vom Thema liegt, dessen Deutung aber wieder auf die Superpositionsvorstellung zurückführt.

## IV.

Es ist allbekannt, daß die normale Lageorientierung bei allen Wirbeltieren durch die Tätigkeit des Labyrinths gesichert wird. Diese Meinung wird auch für Fische von allen Autoren vertreten. Nach Zerstörung des Labyrinths vermögen sie ihr Gleichgewicht nicht mehr aufrecht zu erhalten. Ich fand nun, daß diese Angabe nur bedingt richtig ist. Bringt man labyrinthlose Fische in ein Becken, das nur von obenher durch eine Lichtquelle beleuchtet wird, dann schwimmen die vorher taumelnden Tiere wieder normal umher, als wären sie intakt. Läßt man jetzt das Licht von einer Seite ins Becken einfallen, dann legen die Fische sich sofort auf die Seite, und bringt man die Lichtquelle unter das Glasbecken, dann schwimmen sie verkehrt, Rücken nach unten, Bauch nach oben. Mit anderen Worten: wo oben und unten ist, bestimmt für den labyrinthlosen Fisch allein die Lichtrichtung; der Rücken wird stets dem Licht zugewendet (v. Buddenbrocks »Lichtrückenreflex«). Dem labyrinthlosen Fisch liefert also das Auge gleichsam einen neuen statischen Sinn; und man möchte natürlich wissen, ob denn diese optische Gleichgewichtsorientierung vorher nicht bestand. Die Frage ist leicht zu beantworten. Man braucht nur einen normalen Fisch von der Seite zu beleuchten. Das Ergebnis ist, daß der Fisch sich tatsächlich auf die Seite legt, aber nicht vollkommen, sondern nur bis zu einem gewissen Grade. Die Stärke dieser seitlichen Neigung läßt sich leicht feststellen. Die Messungen ergeben, daß die Schräglage bei Seitenlicht ebenso streng beibehalten wird wie die aufrechte Lage des nur statisch orientierten Fisches. Der Grad der Neigung ist nun auf das genaueste abhängig von der Lichtstärke. Je stärker das seitlich einfallende Licht, desto schiefer die Haltung des Fisches. Die Abb. 13 zeigt für vier Fische die Neigung des Körpers in Winkelgraden, in Abhängigkeit von der Entfernung einer seitlichen Lichtquelle. Jede Fischart hat, wie man sieht, ihre charakteristische Neigungskurve, eine vergleichend physiologisch und biologisch interessante Erscheinung, auf die wir hier nicht näher eingehen wollen. Die Kurven zeigen deutlich, wie die Normallage des Fisches ein labiles Ding ist, das sich jeweils als *zentrale Resultante* aus dem Zusammenwirken beider scheinbar doch so verschiedenen Kräfte, der statischen und der optischen »Erregung«, ergibt.

Für das Verständnis dieses zentralen Vorganges ist noch folgende Tatsache wichtig: Hat der Fisch sich einige Stunden im

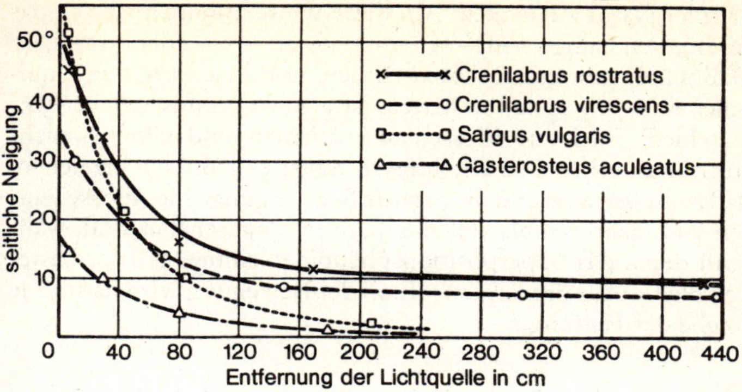


*Abb. 13 Graphische Darstellung der seitlichen Neigung freischwimmender Fische bei seitlicher Beleuchtung durch eine 40-Watt-Lampe. Der Neigungsgrad ist von der Entfernung der Lichtquelle abhängig, und zwar für die vier verwendeten Fischarten in quantitativ sehr verschiedenem Ausmaß.*

Dunkeln aufgehalten und wird er nun seitlich beleuchtet, so schwimmt er zunächst genau aufrecht, der Lichteinfluß scheint für ihn überhaupt nicht zu bestehen. Erst nach Minuten neigt er sich zunehmend zum Licht, und diese Zunahme seiner Schräglage hat nun eine ganz charakteristische Kurvenform. Zunächst steigt die optische Gleichgewichtskomponente schnell an, der Fisch legt sich mehr und mehr auf die Seite. Die weitere Neigungszunahme erfolgt dann immer langsamer; der Endzustand, das Gleichgewicht zwischen beiden Kräften, wird erst nach einigen Stunden, ja nach Tagen erreicht. Viel schneller und in anderer Kurvenform tritt umgekehrt bei im Hellen gehaltenen und dann verdunkelten Tieren die Umstellung auf nur statische Lageorientierung ein; nach einer Verdunkelungszeit von 30 bis 50 Minuten zeigt sich bei Wiederbelichtung bereits keine sofortige Lagebeeinflussung durch das Licht mehr.

Diese ganze Erscheinung bedarf nach jeder Richtung noch eingehender Analyse. So wäre es wichtig, den Temperatureinfluß auf diesen allmählichen Umstimmungsprozeß und überhaupt auf das resultantenmäßige Verhalten zu erfahren oder die Einwirkung verschiedener Substanzen, die auf die zentrale Tätigkeit wirken, kennenzulernen u. a. Was diese Versuche auch bringen mögen, jedenfalls liegt es nahe, hier in ähnlicher Weise wie bei den besprochenen rhythmischen Vorgängen an die Superposition zweier »Erregungsprozesse« oder »Stoffe« unbekannter Natur zu denken. Auf diese Weise könnte man sich das resultantenmäßige Verhalten am ehesten verständlich machen. Daß wir es hier mit Dauerzuständen, vorhin aber mit rhythmischen Vorgängen zu tun hatten, ist kein so grundsätzlicher Unterschied. Auch die Flossenautomatismen sind nämlich nicht stets ununterbrochen rhythmisch tätig; es läßt sich erreichen, daß zwischen eine und die nächste Schwingung einer Flosse Pausen von mehreren bis vielen Sekunden eingeschaltet sind, während deren das Superpositionsphänomen sinngemäß fortbestehen bleibt. Aus der Superposition der Bewegung wird dann eine solche der Haltung.

## V.

Wir haben bisher erst einen der beiden Vorgänge kennengelernt, die bei der Koordination unserer Objekte eine Rolle spielen. Die Superposition ermöglicht eine *quantitative* gegenseitige Abstimmung der Aktionen, gleichgültig, ob diese von übereinstimmendem oder verschiedenem Rhythmus sind. Was sie nie leisten kann, ist, einem Rhythmus den Takt des anderen aufzuzwingen; denn genau wie bei einem Zweiklang bleibt ja jeder der beiden Automatismen vom anderen ganz unbeeinflußt. Nun ist es aber gerade die zuerst ins Auge springende Eigenheit koordinierter Bewegungen, daß sie übereinstimmenden Takt haben, daß sie aneinander irgendwie gebunden sind. Die Kraft, die das bewirkt, wollen wir jetzt näher kennenlernen.

Wenn ein Vater mit seinem sechs- oder achtjährigen Sohn spazierengeht, kann man oft folgendes beobachten. Der Junge möchte gern mit dem Vater Schritt halten, aber auf die Dauer gelingt es noch nicht. Nach einigen gemeinsamen Schritten fällt er mehr und mehr aus dem Takt, und um wieder in Gleichschritt zu kommen, macht er jetzt ein oder zwei schnelle Zwischenschritte. Dadurch kommt er mit dem Vater wieder in gleichen Takt, und das Spiel wiederholt sich gegebenenfalls von neuem. Ganz dasselbe, ins exakt Kurvenmäßige übertragen, zeigt Abb. 14a. Der eine Rhythmus ist gleichmäßig, unabhängig, der andere zeigt eine gewisse Periodizität, die sich aber fast nur auf die Frequenz, weniger auf die Amplitude erstreckt. Wenn wir die mit × bezeichnete Stelle zum Ausgangspunkt nehmen, können wir mit Hilfe der eingezeichneten Bezugsstriche verfolgen, wie der abhängige Rhythmus sich allmählich gegen den unab-

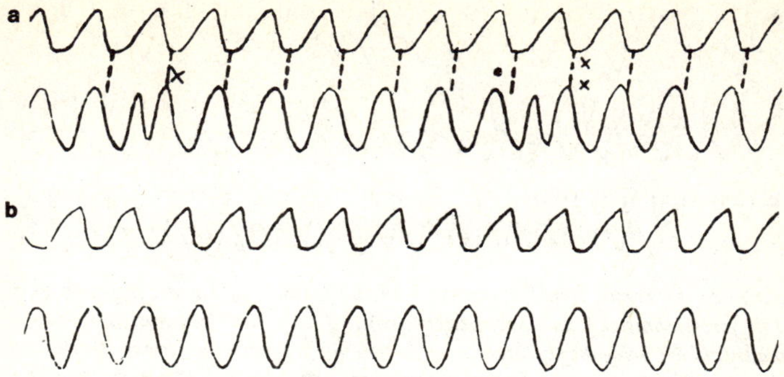


*Abb. 14 Labrus, Brustflossen- (obere Kurve) und Rückenflossenrhythmus (untere Kurve). a relative Koordination, b absolute Koordination. Näheres s. Text.*

hängigen mehr und mehr verschiebt bis zu der mit ● bezeichneten gegenseitigen Phasenlage. Dann erfolgt ein viel schnellerer »Zwischenschlag«, der bewirkt, daß danach die Ausgangslage genau wieder erreicht wird ($\overset{\times}{\times}$), worauf sich dieselbe Periode von neuem wiederholt. Kurze Zeit danach (Abb. 14b) hat sich der abhängige Rhythmus dem unabhängigen völlig angeschlossen; die Zwischenschläge fehlen, der Takt ist bei beiden Rhythmen der gleiche: aus der *relativen* Koordination ist *absolute* geworden. Abb. 15 zeigt noch deutlicher, wie es sich hier um einen Einfluß handelt, der sich allein oder fast allein auf die Frequenz auswirkt: Sie variiert in diesem Kurvenstück um das Zweifache, die Amplitude der Bewegung bleibt dagegen fast vollkommen gleich groß. Darin offenbart sich schon äußerlich ein grundsätzlicher Unterschied zwischen diesem Phänomen und dem der Superposition, bei der ja gerade der Wechsel der Amplitude zuerst ins Auge springt.

Ein anderes Beispiel, in dem der abhängige Rhythmus langsamer ist als der unabhängige, zeigt Abb. 16. Hier macht er, um

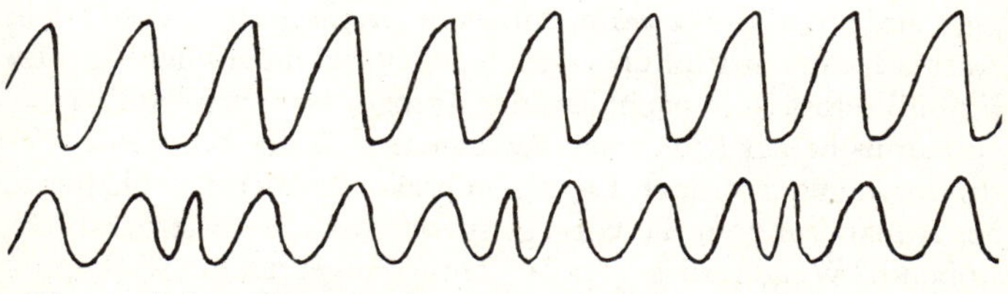

*Abb. 15 Anderer Kurvenausschnitt vom gleichen Präparat wie Abb. 14.*

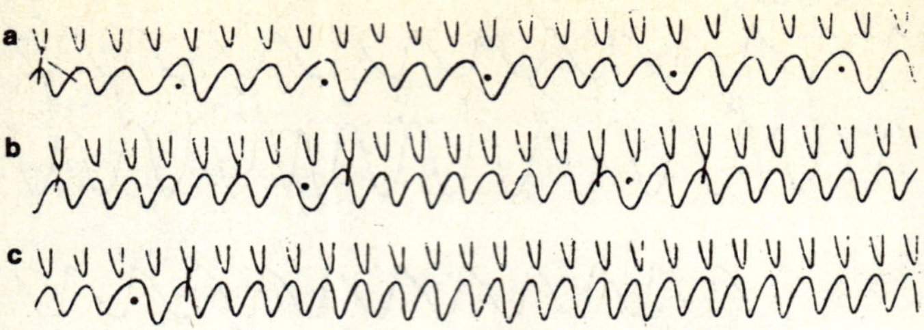


*Abb. 16 Serranus, Brustrhythmus (oben, aus Gründen der Platzersparnis zum Teil fortgeschnitten) und Schwanzrhythmus. Der Brustrhythmus läuft gleichmäßig ab, der Schwanzrhythmus schließt sich ihm periodisch an, um in Abständen eine um vieles langsamere Aktion auszuführen (●). Vom Koinzidenzstrich in c ab erfolgt endgültiger Anschluß des Schwanzrhythmus (absolute Koordination).*

mit dem anderen Rhythmus Schritt zu halten, nicht in Abständen einen Zwischenschlag, sondern läßt umgekehrt periodisch einen Schlag aus. In Abb. 16c ist dann endgültig der Anschluß erreicht, aus der relativen wird feste, absolute Koordination.

Daß es sich bei dieser Erscheinung um etwas vom Superpositionsphänomen grundsätzlich Verschiedenes handeln muß, geht am deutlichsten bei der Auswertung solcher Kurven mit dem oben schon angedeuteten Verfahren der Zeit- und Geschwindigkeitstafeln hervor. Um nur einen wesentlichen Punkt zu erwähnen, so geht hier jede Steigerung der Frequenz mit einer entsprechenden Erhöhung der Bewegungsgeschwindigkeit, jede Abnahme der Frequenz mit einer entsprechenden Abnahme der Geschwindigkeit einher, während bei der Superposition das Verhalten ein gerade umgekehrtes war. Die nähere Analyse dieses Koordinationsvorganges hat nun bisher etwa das Folgende ergeben: An seinem Zustandekommen sind beide Automatismen, der unabhängige und der abhängige, beteiligt. Der unabhängige, indem er auf die Frequenz des anderen einen rhythmisch zu- und abnehmenden Einfluß ausübt, und der abhängige, indem er, und zwar ebenfalls in rhythmisch wechselndem Ausmaß, diesem Einfluß verschieden stark zugänglich ist. Der Einfluß selbst ist je nach dem im Moment bestehenden Phasenverhältnis beider Rhythmen verschieden; in der Nähe einer bestimmten gegenseitigen Lage gleichsam anziehend, festhaltend, bei Annäherung an die entgegengesetzte Lage entfernend, abstoßend. Wegen dieser polar entgegengesetzten Wirkungsweise habe ich vorgeschlagen, den ganzen merkwürdigen Vorgang *Magneteffekt* zu nennen – selbstverständlich ohne damit irgendeine Vermutung über seine physikalische Natur zu verbinden, welche uns derzeit noch vollkommen verschlossen ist. *Der Magneteffekt ist also*, kurz gesagt, *das »Bestreben« eines Automatismus, einem anderen seinen Takt und eine ganz bestimmte gegenseitige Phasenbeziehung aufzuzwingen.*

Fragen wir jetzt, in welcher gegenseitigen Phasenlage der eine Rhythmus vom anderen festgehalten wird, so können wir diese Frage mit Hilfe des Superpositionsphänomens beantworten. Wir sahen bisher nur Beispiele, in denen entweder Superposition oder Magneteffekt allein auftreten. Doch ist das keineswegs die Regel, sondern ein Verhalten, das oft nur in gewissen Arbeitsbedingungen und häufig nur vorübergehend auftritt, während in der Regel Superposition und Magneteffekt gleichzeitig wirksam sind, wobei aber jedes der beiden Phänomene in seiner Stärke vom anderen unabhängig variieren kann. Beim Zusammenwirken der beiden Kräfte läßt sich nun zwischen ihnen stets eine ganz bestimmte, unabänderliche Beziehung feststellen: Jene Ordnung, in die der Magneteffekt beide Rhythmen hineinzuziehen sucht (was im Kurvenbeispiel Abb. 17 von × ab endgültig erreicht ist), ist auch stets dieselbe Phasenbeziehung, in der bei Superposition ein Rhythmus den anderen verstärkt, und jene andere Phasenlage, aus der die Abstoßung erfolgt, ist dieselbe, in welcher die Superposition umgekehrt eine Abschwächung des abhängigen Rhythmus bewirkt (Abb. 17 die mit • bezeichneten Stellen). Das heißt aber wohl nichts anderes als dieses: Der Magneteffekt bewirkt ein gegenseitiges Festhalten in derjenigen Phasenlage, in welcher beide zentralen automatischen Abläufe gleichgerichtet sind, *gleichsinnig ablaufen* – denn nur dann kann ja bei Überlagerung eine Addition der Wirkungen eintreten! Der Magneteffekt gibt so dem Superpositionsphänomen auch erst den rechten biologischen Sinn, indem er beide Rhythmen fortlaufend in jener Beziehung festhält, in der der eine die Aktion des anderen steigert.

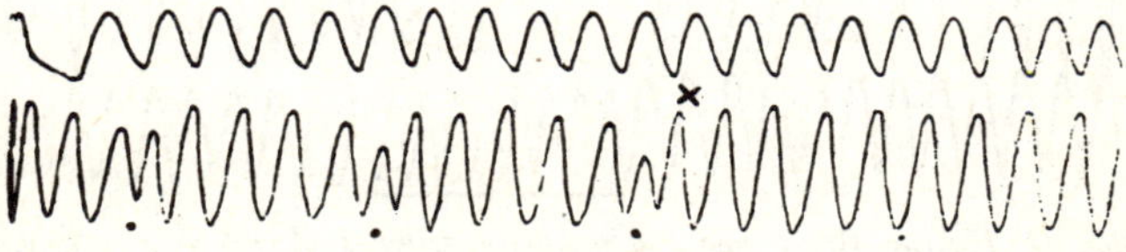

*Abb. 17 Labrus, Brust- und Rückenflossenrhythmus. Von × ab absolute Koordination.*

Eine Eigenheit des Magneteffektes ist noch besonders hervorzuheben. Die Art und Weise, wie diese »Anziehung« oder »Abstoßung« erfolgt, läßt sich nicht kurzweg als »Erregung« oder »Hemmung« bezeichnen. Ist z. B. der abhängige Rhythmus dem vom Magneteffekt erstrebten Phasenverhältnis im Augenblick zeitlich etwas voraus, so wirkt der Magneteffekt verlangsamend, also »hemmend«; ist er hinter dem erstrebten Phasenverhältnis zurück, so wirkt er beschleunigend, also »erregend«. Es ist dem Magneteffekt sozusagen gleichgültig, ob er als Erregung oder Hemmung in Erscheinung tritt, das beides ist für ihn anscheinend eins, und sein Wesen wird durch eine derartige Einteilung wohl nicht erfaßt. Der Magneteffekt ist die Form, in der ein Automatismus um die Herrschaft über den anderen kämpft.

Dieser Kampf kann lange unentschieden bleiben; mit Zunahme des Magneteffektes muß er aber von einem bestimmten Moment ab zur Niederlage des abhängigen Rhythmus, zur Aufgabe seiner Selbständigkeit führen. Eine solche Verstärkung des Magneteffektes läßt sich auch durch bestimmte periphere Reize herbeiführen. Es fragt sich nun, ob nach dem endgültigen Siege des Magneteffektes, also nach Zustandekommen der absoluten Koordination, das Streben des abhängigen Rhythmus nach selbständiger Tätigkeit mit der Zeit erlischt oder ob der Kampf latent immer weiter geht. Eine Antwort gibt der in Abb. 18 wiedergegebene Versuch. Zwischen beiden Rhythmen herrscht hier absolute Koordination; der untere, abhängige Rhythmus hatte sich schon vor über einer Stunde dem oberen Rhythmus anschließen müssen. Vorher besaß er eine um ein Drittel schnellere Frequenz. Nun ist hier zwischen × und × durch einen Druck auf die vorderen Körperseiten der unabhängige Brustrhythmus zum Schweigen gebracht, und man sieht, wie innerhalb dieser Strecke der abhängige Rhythmus, vorübergehend sich selbst überlassen, tatsächlich wieder in einem um ein Drittel beschleunigten Takt weiterarbeitet. Das scheinbar absurde Verhalten,

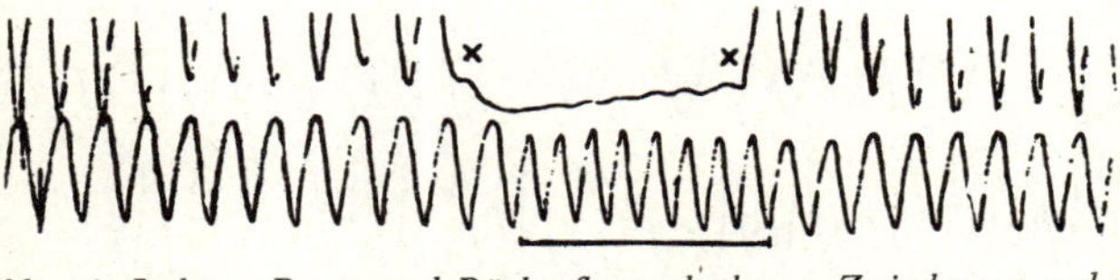

*Abb. 18 Labrus, Brust- und Rückenflossenrhythmus. Zwischen × und × ist der Brustrhythmus gehemmt. (Die entsprechende Strecke des Rückenflossenrhythmus ist durch einen Strich gekennzeichnet.)*

daß der gleiche Reiz eine Aktion hemmt und die andere gleichzeitig beschleunigt, erklärt sich also zwangslos aus dem Fortfall des Magneteffektes an dieser Stelle. Aus diesem stets reproduzierbaren Versuch können wir wohl nur schließen, daß der Kampf der beiden Automatismen auch nach erreichter absoluter Koordination weiterdauert, für den abhängigen Rhythmus erfolglos und darum für uns unsichtbar! Zum erstenmal wohl ahnt man hier etwas von jenen Spannungen im ZNS, die dauernd wirksam sind, ohne sichtbar nach außen hervorzutreten, Spannungen, wie sie im Gebiet des psychischen Erlebens wohl manchem durch Selbstbeobachtung bekannt sind.

Hier stehen nur zwei Automatismen miteinander in Konflikt. Die Lage wird aber sogleich komplizierter, wenn es sich um drei oder mehr Automatismen handelt, von denen jeder seinen eigenen Takt zu behaupten sucht, und wenn überdies noch das Superpositionsphänomen dazukommt. Eine unabsehbare Fülle von Kombinationsmöglichkeiten ergibt sich damit, und ihnen entsprechen ebenso viele Möglichkeiten verschiedenartiger Periodenbildung. Die zwei Beispiele, die Abb. 19 wiedergibt, mögen nur erläutern, daß die Perioden stets eine strenge Gesetzmäßigkeit erkennen lassen, die es ermöglicht, die Art und Stärke der verschiedenen wirksamen Kräfte festzustellen. Es tagt da im Rückenmark gleichsam ein ständiges Parlament, in dem jede Macht ihren Kräftebeitrag liefert: ein Parlament, das dauernd Kompromisse schließt und das sich von einer menschlichen Einrichtung ähnlicher Art nur darin wesentlich unterscheidet, daß die Entscheidungen niemals – vertagt werden! Denn das zu können, ist eine besondere Gabe des Großhirns.

Ich möchte glauben, daß wir im Magneteffekt ein wichtiges Instrument der zentralen Ordnung vor uns haben. Bei den Fischen tritt er nicht nur im Wechselspiel der lokomotorischen Rhythmen auf, sondern läßt sich auch zwischen diesen und dem Atemrhythmus nachweisen. Bei den Landwirbeltieren ist er wohl sicherlich die Grundlage der festen, absoluten Bewegungsordnung, die diese Tiere auszeichnet. Ihn suchen wir zu überwinden, wenn wir uns bemühen, beide Arme in verschiedenem Takt zu bewegen, was wenigstens mit den Armen manchem nach einiger Übung gelingt. Legen wir uns auf den Rücken und probieren dasselbe mit erhobenen Beinen, so gelingt es meistens nicht, diese in verschiedenem Takt zu bewegen; der Magneteffekt der Beinrhythmen ist beim Menschen anscheinend stärker als der der Armrhythmen.

Der Magneteffekt ist aber nicht nur das ordnende Prinzip zwischen den einzelnen verschiedenen Automatismen, sondern, wie es scheint, auch innerhalb jedes Automatismus, d. h. zwischen den einzelnen automatischen Zellen, die sich zu einer Gruppe zusammenschließen. Am deutlichsten wird das, wenn man durch gewisse Einflüsse, wie z. B. Narkose- oder $CO_2$-Einwirkung, den Gleichklang innerhalb eines Automatismus vorübergehend aufhebt. Die ganze Flosse macht dann eine unregelmäßig flatternde Bewegung; registriert man aber die Bewegung zweier benachbarter isolierter Flossenstrahlen, so schwingen sie häufig ganz gleichmäßig, aber jeder für sich, in einem verschiedenen Takt. Die Gruppe sonst zusammenarbeitender automatischer Zellen ist also hier in kleinere, selbständig arbeitende Einheiten aufgelöst. Zwischen diesen kleinen Rhythmen läßt sich unter geeigneten Umständen ebenfalls Superposition und Magneteffekt nachweisen. Es spielt sich also innerhalb eines Auto-

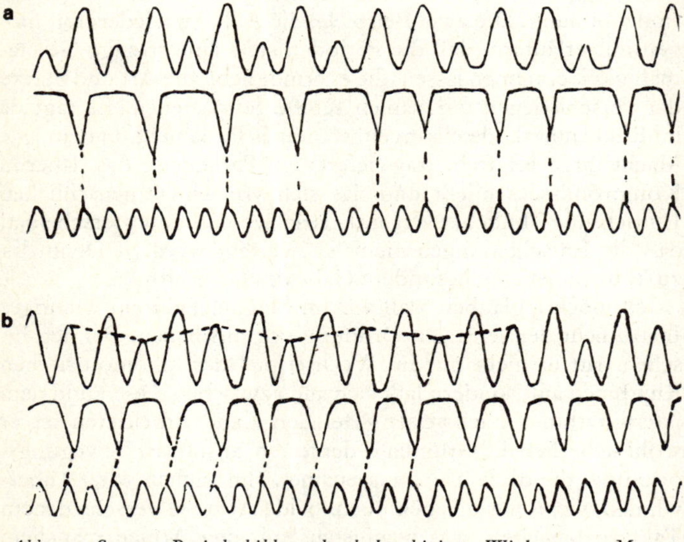


*Abb. 19 Sargus, Periodenbildung durch kombinierte Wirkung von Magneteffekt und Superposition. (Die eingezeichneten unterbrochenen Striche sollen die Übersicht über die Periodenform erleichtern.) a Übergang aus einer Ordnung in eine andere, b eine dritte Kombination. Die Kurvenausschnitte stellen eine Auswahl aus einer größeren Zahl verschiedener Periodenbildungen des gleichen Präparates dar.*

matismus wahrscheinlich das gleiche ab wie zwischen den verschiedenen entfernteren Rhythmen. Da der Zusammenhalt innerhalb der Elemente, die gemeinsam einen Automatismus ausmachen, unter normalen Umständen ein sehr fester ist, ergibt sich, daß der Automatismus als Ganzes in der Regel dem Alles-oder-nichts-Prinzip folgt, d. h. daß er sich entweder vollkommen oder überhaupt nicht entlädt. Dieses für das ZNS sehr unerwartete Phänomen erinnert an dieselbe Gesetzmäßigkeit beim Wirbeltierherzen; und aus ihm ergeben sich eine ganze Anzahl weiterer Eigenheiten, die man bislang nur am Herzen kannte und die gewissermaßen eine Brücke schlagen zwischen den bisher immer getrennt behandelten Koordinationstypen des Herzens und des Rückenmarkes. Auf diese Übereinstimmungen wollen wir hier nicht weiter eingehen, sondern unseren Streifzug durch das bunte und vielgestaltige Gebiet der relativen Koordination mit einem kurzen Ausblick beenden.

## VI.

Die relative Koordination ist ein Typ nervöser Zusammenarbeit, der darum so wichtig erscheint, weil er uns die wirksamen Kräfte, die bei der absoluten Koordination unsichtbar bleiben müssen, schon in der peripheren Muskelaktion bis zu einem gewissen Grade sichtbar vor Augen führt. Diese relative Koordination interessiert uns aber nicht nur als solche, sondern wir können an unser Präparat bei der großen Präzision, mit der es arbeitet, auch verschiedene Fragen stellen, auf die es uns eine klare Antwort erteilt. Hier nur ein Beispiel; es betrifft das Problem der *Gangarten.*

Es ist allgemein bekannt, daß Pferde und Hunde verschiedene Gangarten besitzen: Schritt, Trab und Galopp. Solche Gangarten gibt es nun auch bei Fischen. So schwingen die Brustflossen in der Regel alternierend, sie können aber unter gewissen zentralen Bedingungen plötzlich sozusagen »umspringen« und in synchrones Schwingen übergehen und umgekehrt. Wir fragen uns nun: Auf welchem Mechanismus beruht diese Umstellung der inneren Ordnung beim Wechsel von einer Gangart zur anderen? Zwei Möglichkeiten kommen in Frage. Entweder (1) bleiben die Beziehungen beider Automatismen unverändert, und es ändert sich die Reaktionsweise der automatischen Zellen so, daß sie auf den gleichen automatischen Prozeß anders als vorher an-

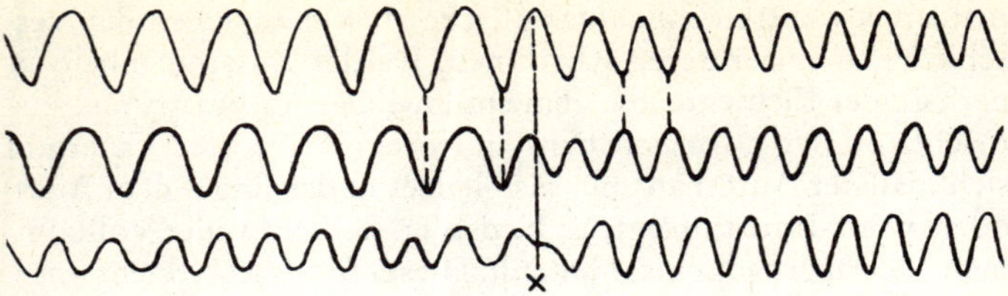

*Abb. 20 Sargus, beide Brustrhythmen (obere und mittlere Kurve) und Schwanzrhythmus. Bis × schwingen beide Brustflossen gleichsinnig (beide gleichzeitig nach vorne und nach hinten); bei × spontanes »Umspringen« in alternierende Bewegung (schwingt die eine nach vorne, so schwingt die andere nach hinten; s. die unterbrochenen Koinzidenzstriche).*

sprechen. Oder aber (2) die Reaktion der motorischen Zellen bleibt unverändert, und es ändert sich die gegenseitige Phasenbeziehung der Automatismen. Mit Hilfe der relativen Koordination muß sich die Frage entscheiden lassen. Ist nämlich ein dritter (Rückenflossen- oder Schwanz-)Rhythmus von beiden Brustrhythmen abhängig, dann muß dessen Beeinflussung im Falle 1 beim Gangwechsel unverändert gleich bleiben, im Falle 2 aber einen plötzlichen Umschwung erfahren. Abb. 20 zeigt nun einen solchen spontanen plötzlichen Wechsel aus synchronem in alternierendes Schwingen der Brustflossen. Der dritte Rhythmus scheint bis zum Moment des »Umspringens« ganz unbeeinflußt; mit dem Augenblick, wo die Brustflossen alternierend schwingen, wird er jedoch in deren Takt geradezu hineingerissen (man beachte den Kurvenknick bei ×) und läuft außerdem in verstärkter Aktion weiter. Von × ab wirken also Superposition und Magneteffekt kräftig auf ihn ein. Da das bis × nicht der Fall ist, muß man schließen, die Brustautomatismen seien bis dahin gegensinnig abgelaufen und hätten sich in ihrer Wirkung auf den abhängigen Rhythmus gegenseitig paralysiert. Damit ist unsere Frage schon entschieden: Der Gangartenwechsel beruht hier auf einem gegenseitigen Beziehungswechsel der Automatismen selbst. In ähnlicher Weise lassen sich auch noch andere Probleme mit Hilfe der relativen Koordination behandeln, Fragen, die auf anderem Wege bisher nicht angegriffen werden können.

## Schluß

Obschon die vorliegende Darstellung nur einen Ausschnitt aus den bisher vorliegenden Ergebnissen gibt, dürfen wir an sie doch einige allgemeinere Schlußfolgerungen anknüpfen. Die *zentrale Koordination beruht nicht auf Kettenreflexmechanismen*, sie ist von grundsätzlich anderer Art. Ihre Werkzeuge sind *Vorgänge, die sich allein im Innern des ZNS selbst abspielen.* Der »Reflex« ist dazu da, diesen inneren Ablauf den sich ändernden peripheren Bedingungen jeweils anzupassen, ihn nach dieser oder jener Richtung hin abzuwandeln. Er ist *nicht der Grundvorgang* selbst, wie man so allgemein glaubt, *sondern* entweder *ein zusätzliches Attribut* des zentralen Mechanismus oder, wohl meistens, ein kompliziertes Zusammenspiel zusätzlicher Mechanismen mit den hier beschriebenen aktiven zentralen Kräften. Dem Wesen dieser im Zentrum wirkenden Kräfte entspricht es, daß die Koordination nicht starr, maschinenmäßig abläuft, sondern daß sie wandelbar, gleitend, plastisch ist. Aber diese *Plastizität* beruht nicht, wie viele Anhänger der Plastizitätslehre meinen, darauf, daß das ZNS einem Nervennetz vergleichbar wäre, in dem »Erregungen« sich mit Dekrement allseitig ausbreiten, sondern sie beruht im Gegenteil auf einer besonders hochgradigen, man möchte sagen, einer sehr weitgehend *durchkonstruierten inneren Organisation.* Beim Zustandekommen dieser Ordnung spielt die morphologische Struktur, die Anordnung der Zellen und Faserverbindungen, vermutlich eine große, nicht aber die allein ausschlaggebende Rolle; denn dann könnte das jeweilige Ordnungsverhalten wohl nicht so ungeheuer variabel sein. Wesentlich ist das quantitativ wechselvolle Zusammenspiel jener inneren Kräfte, deren einige wir hier kennengelernt haben und von denen ich vermute, daß sie an bestimmte Zelltypen oder -strukturen gebunden sind, worüber sich freilich noch nichts Bestimmtes aussagen läßt. Die physikalisch-chemische Natur dieser Vorgänge zu ergründen, ist die nächste Aufgabe, zu deren Bewältigung die Zusammenarbeit der hier beschriebenen Methoden mit chemischen und bioelektrischen Methoden nötig ist. Wieweit eine solche Arbeitsgemeinschaft gelingen und was sie zutage fördern wird, muß die Zukunft lehren.

## Das Reafferenzprinzip

### Wechselwirkungen zwischen Zentralnervensystem und Peripherie
Mit Horst Mittelstaedt
(1950)

### I. Einleitung

Seit es eine Physiologie des Zentralnervensystems (ZNS) gibt, steht die Frage in ihrem Mittelpunkt: Welche gesetzmäßige Beziehung besteht zwischen den Impulsen, die, durch Reize veranlaßt, ins ZNS hineingelangen, und denen, die dann – direkt oder auf Umwegen – von dort wieder herauskommen, also zwischen der *Afferenz* und der *Efferenz*? Das ZNS erscheint unter dem Bilde eines Automaten, der für ein bestimmtes Geldstück »reflektorisch« eine bestimmte Fahrkarte liefert. Für einfache Schutzreflexe – wie Niesen, Wegzucken auf einen Schmerzreiz – leuchtet diese Vorstellung ein; für kompliziertere Reaktionen – wie etwa Gleichgewichts- und Orientierungsbewegungen – hat sie sich ebenfalls durchgesetzt. Und auch die rhythmische Lokomotion läßt sich nach diesem Rezept verstehen, wenn man annimmt, daß jede Einzelbewegung reflektorisch ihre Gegenbewegung und jedes Glied das zeitlich ihm folgende Glied in Gang setzt (Reflexkettentheorie). Die höheren, durch Erfahrung modifizierten Verhaltensweisen schließlich werden als »bedingte« Reflexe dem Bilde eingeordnet.

Diese *klassische Reflextheorie* beherrscht weithin das Feld, obschon Tatsachen genug bekannt sind, die sich ihr nicht fügen. Wir wissen, daß das Atemzentrum auch ohne rhythmische Reizanstöße in Gang bleibt, daß die zentrale Lokomotionsrhythmik mancher Wirbelloser (v. Holst 1932, 1933, 1938 b) ohne Afferenz weiterläuft, daß bei Fischen (v. Holst 1935 f, Lissmann 1946), Amphibien (Weiss 1941, Gray 1946, 1950) ein ganz geringer Rest von afferenten Nerven genügt, damit *alle* Teile sich geordnet weiterbewegen. Die Reflexkettentheorie hält hier nicht stand. Und die Analyse der *relativen Koordination* (v. Holst 1935 bis 1943) bei Arthropoden, Fischen, Säugern und dem Menschen hat uns zentrale Ordnungskräfte kennen gelehrt – Koppelungs- und Überlagerungsphänomene –, deren Zusammenspiel zu Regeln führt, wie sie formal ganz ähnlich die Gestaltpsychologie für die vorbewußte Ordnung der Sinneswahrnehmungen aufdeckte (v. Holst 1939a, 1948).

Diese neueren Ergebnisse widersetzen sich einer Beschreibung mit Hilfe der Reflexterminologie, und so ist es verständlich, daß sie zwar auf die vergleichende Verhaltensforschung (Lorenz, Tinbergen u. a.) und die Humanpsychologie (Metzger) nicht ohne Einfluß blieben, aber von der eigentlichen Physiologie des ZNS nicht assimiliert wurden. Auch neuere Lehrbücher sind noch ganz auf dem klassischen Reflexbegriff aufgebaut[1]. Daß das intakte ZNS ein aktiv tätiges Gebilde ist, in dem auch ohne Reizanstöße ständig Geordnetes geschieht, daß auch Ruhe und Schlaf nur besondere Aktivitätsformen des ZNS darstellen, scheint vielen Physiologen ein unwissenschaftlicher Gedanke; denn die »Ursache« jedes zentralen Vorgangs könne, so meint man, doch immer nur »der Reiz« sein[2].

Diese Einstellung ist immerhin verständlich; denn niemand wird gern eine einfache Theorie – zumal wenn sie infolge hohen Alters für eine »Tatsache« gilt – aufgeben, bevor er eine bessere hat. Diese muß die alten *und* neuen Ergebnisse in sich aufnehmen und Voraussagen über den bisher verstehbaren Bereich hinaus gestatten. Neue Experimente haben uns zu einer Vorstellung geleitet, der wir – innerhalb aufzeigbarer Grenzen – diese Rolle zutrauen. Sie sei im folgenden an Beispielen erläutert und ihre Anwendbarkeit auf bekannte, aber bisher unerklärte Erscheinungen geprüft. Das kennzeichnende Merkmal dieser neuen Denkart ist eine Blickwendung um 180°. Wir fragen nicht nach der Beziehung zwischen einer gegebenen Afferenz und der durch sie bewirkten Efferenz, also nach dem »Reflex«, sondern gehen *umgekehrt* von der *Efferenz* aus und fragen: Was geschieht im ZNS mit der von dieser Efferenz über die Effektoren und Rezeptoren verursachten Afferenz, die wir die »*Reafferenz*« nennen wollen?

[1] Das gilt z. B. für das inhaltreiche Lehrbuch von Fulton (1943): *Physiology of the nervous System*, das dem Leser von den einfachen Rückenmarkreflexen bis zur Leistung des Gesamtnervensystems, dem bedingten Reflex, führt, ohne daß die spontane Eigentätigkeit und die autonomen Ordnungskräfte des ZNS irgendeine Rolle spielen.

[2] Dieses Mißverständnis hat wohl auch psychische Motive: Es befriedigt das naive kausale Erklärungsbedürfnis weit mehr, einen sichtbaren Bewegungsakt des Körpers auf eine sichtbare Veränderung seiner Umwelt beziehen zu können als auf unsichtbaren Energieumsatz im Inneren des ZNS. Letzterer wird wohl als quasipsychisch empfunden.

Beginnen wir mit einem Beispiel. Wenn man um ein ruhig dasitzendes Insekt, etwa die Fliege *Eristalis*, einen aufrechten, innen senkrecht schwarz-weiß gestreiften Zylinder herumdreht, dann dreht das Tier sich im gleichen Sinne mit, es »versucht, sein Blickfeld festzuhalten« (Abb. 1 a). Dieser allbekannte »optomotorische Reflex« läßt sich jederzeit prompt auslösen. Sobald das Tier jedoch sich selbst in Bewegung setzt, sieht man es beliebige Wendungen ausführen, im (ruhenden) Streifenzylinder ebenso wie in optisch ungegliederter Umgebung. Es entsteht die Frage, warum der »optomotorische Reflex« das Tier nicht bei jeder beginnenden Wendung in die alte Lage zurückzieht, da die Verschiebung des Bildes auf der Retina ja die gleiche ist wie vorhin bei rotierendem Zylinder. Die Reflextheorie antwortet: Weil während der »spontanen« Lokomotion die optomotorischen Reflexe »gehemmt« werden. Diese Antwort ist jedoch unrichtig!

Dreht man dem Tier, das einen dünnen beweglichen Hals hat, den Kopf 180° um die Längsachse und legt ihn mit einem Leimtropfen am Thorax fest, so daß beide Augen ihre Lage vertauschen (Abb. 1 b; s. auch Mittelstaedt 1949), so wird erreicht, daß eine Drehung des Streifenzylinders im Uhrzeigersinn eine solche Wanderung des Bildes über die Retina bewirkt wie beim normalen Tier eine Zylinderdrehung im Gegensinn. Dementsprechend beantwortet das ruhende Tier eine Zylinderdrehung nach rechts

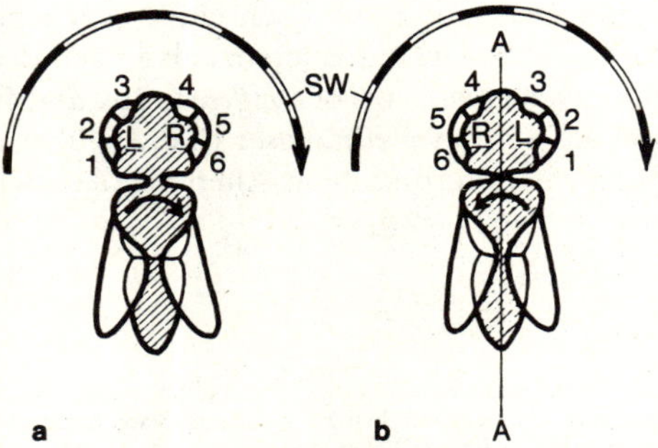


*Abb. 1 Verhalten eines Insekts (Eristalis), um das eine Streifenwand SW nach rechts bewegt wird. a normales Tier; b nach Drehung des Kopfes um die Achse A–A um 180°, R, L rechtes, linkes Auge (die Ommatidien sind numeriert). Der Pfeil im Tier zeigt dessen aktive Drehreaktion an.*

prompt mit einer Eigendrehung nach links. Beginnt das Tier im ruhenden Zylinder zu laufen, dann müßte, wenn die »optomotorischen Reflexe« jetzt gehemmt wären, die Lokomotion ungehindert wie beim intakten Tier erfolgen. Das ist jedoch nur in optisch homogener Umgebung der Fall. Im Streifenzylinder findet *kein normaler Lauf* mehr statt: *Eristalis* dreht sich ständig nach rechts oder links in engem Kreise, oder es erfolgen kürzere heftige Rechts-links-Wendungen, bis das Tier »wie erstarrt« in atypischer Stellung stehenbleibt. Nach Rückdrehung des Kopfes ist das Verhalten wieder normal.

Dieses Ergebnis widerspricht der »Reflexhemmungs«hypothese; es zeigt, daß – wie bei Zylinderdrehung so auch beim »spontanen« Lauf – die retinale Verschiebung Einfluß auf die Bewegung nimmt. Wir können es fürs erste so formulieren: Das laufende Tier »erwartet« eine ganz bestimmte retinale Bildverschiebung, die, sofern sie eintrifft, irgendwie neutralisiert wird. Trifft aber nach Vertauschung beider Augen eine retinale Bildverschiebung *entgegen* der erwarteten Richtung ein, so löst diese sofort eine optomotorische Wendung aus. Diese Wendung aber vergrößert die nichterwartete Bildverschiebung, und so schaukelt der Vorgang sich auf. Das Tier wird bei jeder begonnenen Wendung im gleichen Drehsinn optisch herumgerissen. Versucht es eine Gegenwendung, so entsteht das gleiche Dilemma. Das Ende ist offenbar eine zentrale Katastrophe!

Wenn diese vorläufige Deutung zutrifft, müssen wir fragen: Woher »weiß« das ZNS, welche Bildverschiebung es beim Laufen gerade zu erwarten hat? Dieses Wissen könnte zwei Ursachen haben: Entweder hält das ZNS gewisse Daten der in die Beine ausgesandten Efferenz noch eine Zeitlang fest, als einen zentralen Rückstand, der mit der retinalen Bildwanderung verglichen wird; oder, wenn es diese einfachere Fähigkeit nicht besitzt: es ist auf die Reafferenz aus den Rezeptoren der bewegten Beine angewiesen, aus der es Laufrichtung und -geschwindigkeit »errechnet«, um das Ergebnis mit der retinalen Reafferenz zu vergleichen. Beide Möglichkeiten schließen sich nicht aus. Wir lassen die Alternative hier offen und wenden uns einem anderen Beispiel zu, das die Situation deutlicher zu erkennen gestattet.

## III. Schärfere Fassung des Problems

Im Labyrinth der Wirbeltiere sitzt jederseits ein bei Normallage des Kopfes horizontal gelegener flacher Stein, der Utriculusstatolith, auf einer Sinnesfläche. Dieses Organ spricht auf die Erdschwere an. Versuche an Fischen, über die kürzlich berichtet wurde (v. Holst 1950a, 1950c), zeigen, daß eine Kraft parallel zur Auflagefläche den adäquaten Reiz darstellt. Diese *Scherkraft* nimmt, wenn der Kopf aus der Normallage geneigt wird, sinusförmig zu und verursacht im Lagezentrum ein ebenfalls sinusförmig zunehmendes Aktivitätsungleichgewicht, eine »zentrale Drehtendenz«, welche die motorischen Bewegungen in Gang setzt, die das Tier in die Normallage zurückbringen. Dieser Apparat arbeitet, ohne zu ermüden, mit hoher Präzision. Mit den Worten der Reflexlehre: Der Organismus wird durch seine »Lagereflexe« genau in der Normallage festgehalten. Nun kann man bei allen Tieren und beim Menschen häufig beobachten, daß sie über kurze oder längere Zeit *andere* als die Normallagen einnehmen. Fische z. B. stellen sich fast senkrecht nach oben oder unten, legen sich auf die Seite usw., bei Futtersuche, beim Verfolgen der Beute, im Kampf und bei der Balz.

Wie sind angesichts der stets sicher auslösbaren »Lagereflexe« diese abweichenden Einstellungen möglich? Die Reflexlehre antwortet wie vorhin: dadurch, daß die »Gleichgewichtsreflexe« ganz oder teilweise gehemmt werden. Es läßt sich jedoch leicht zeigen, daß diese Meinung *nicht* zutrifft. Auch die von der Norm abweichenden »*Soll-Lagen*« werden nämlich, wenn ein Anstoß von außen sie stört, durch die *gleichen* Korrekturbewegungen wiederhergestellt wie sonst die Normallage!

Man könnte sich nun denken, daß die Reflexe nicht aufgehoben, sondern nur durch einen übergeordneten Schaltmechanismus in andere Bahnen gelenkt werden. Das höhere Zentrum stellt nur die Weichen, welche den Weg von der Afferenz zur Efferenz bestimmen (»gelenkte Reflexe« nach W. R. Hess). Aus dieser Vorstellung ergibt sich eine experimentell prüfbare Konsequenz: Ein Weichensteller leistet dieselbe Arbeit, gleichgültig, ob viele oder wenige Züge seine Strecke passieren. Mit anderen Worten: Die Wirkung dieser Reflexlenkung müßte von der Größe der Afferenz unbeeinflußt sein. Das trifft jedoch wiederum *nicht* zu.

Man kann die mechanische Kraft, die der Statolith auf die Sinnesfläche ausübt, durch ein konstantes Zentrifugalfeld vermehren. Wird auf diese Weise das Statolithengewicht verdoppelt, so verdoppelt sich auch der bei jeder Abweichung aus der Normallage auftretende Scherungsreiz. Registriert man nun die häufigen, spontanen Lageabweichungen (Nase nach oben oder unten) eines frei schwimmenden Fisches, so zeigt sich, daß sie um so geringer werden, je schwerer man den Statolithen macht. Die »*Willkürbewegung*« erweist sich als *abhängig* vom *afferenten Rückstrom*, den sie verursacht!

Ein anderes Beispiel: Fische stellen ihre Längsachse in die Richtung eines Wasserstromes, indem sie sich optisch an der ruhenden Umgebung »festhalten«. Das gilt auch weitgehend, wenn die Strömung schräg oder senkrecht von oben (oder unten) kommt; je mehr es ihnen gelingt, die Nase gegen den Strom zu stellen, um so müheloser verhindern sie das Abgetriebenwerden (v. Holst 1950a). Untersucht man nun das Verhalten eines in einem Käfig gegen eine konstante Strömung frei schwimmenden Fisches, so zeigt sich, daß es dem Fisch, wenn man die Strömungsrichtung der »Lotrechten« nähert, immer weniger gelingt, die Längsachse parallel der Strömung einzustellen, je schwerer man den Statolithen macht (Abb. 2). Der Fisch bemüht sich zwar jetzt, *dorsal*wärts gegen die Strömung anzukommen, doch gelingt das viel schlechter; er ermüdet schnell. Dieser Unterschied schwindet nach Entfernung der Statolithen; nun nimmt er bei jeder mechanischen Feldstärke die Nase genau gegen den Strom.

Wir sehen also, daß die höhere zentrale Instanz, welche die von der Normallage abweichende *Soll-Lage* einstellt, *nicht* ein Weichenstell- oder Lenkmechanismus ist, denn die durch sein Kommando mittelbar verursachte Reafferenz wirkt quantitativ auf die tatsächlich erfolgende Einstellung ein. Unbeschadet unserer Ablehnung des Begriffs des »gelenkten Reflexes« haben die folgenden Ausführungen in Problemstellung und Denkweise die nächsten Beziehungen zu Arbeiten von W. R. Hess (obschon die Methodik eine ganz andere ist). *Dieser* Umlenker muß um so *mehr Arbeit* leisten, je *mehr Züge* die Strecke passieren! Wie läßt sich das deuten?

Wir erhalten ein ganz einfaches Bild, wenn wir zwei gut gesicherte physiologische Tatsachen zugrunde legen:

1. Die Sinneszellen des Labyrinths besitzen, ebenso wie viele (vielleicht die meisten) sonstigen Rezeptoren, schon ungereizt einen ständigen Eigenrhythmus, sie sind »*Dauerläufer*«. Der Scherungsreiz der Statolithen verstärkt oder verringert – je nach

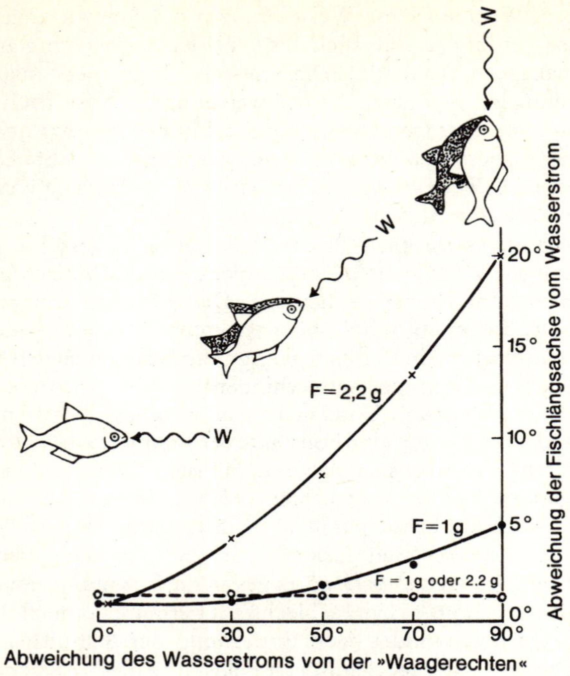


*Abb. 2 Einstellung des frei in einem Käfig gegen konstanten Wasserstrom schwimmenden Fisches; Änderung der Stromrichtung von waagerecht bis lotrecht bei Erhöhung der mechanischen Feldstärke F (durch ein Zentrifugalfeld) von 1 g auf 2,2 g. (»Lotrecht« ist die Resultierende von Schwer- und Zentrifugalkraft.) ● und × intakter Fisch, ○ Fisch nach operativer Entfernung der Statolithen. Die weißen Fischskizzen erläutern das Verhalten des intakten Fisches bei F = 1 g, die schwarzen bei F = 2,2 g. W Wasserstrom. (Stromgeschwindigkeit etwa eine Fischlänge je sec.). Der hydrostatische Druck wurde konstant gehalten, Mittelwerte aus fünf Versuchsreihen von drei Fischen (Gymnocorymbus und Hypessobrycon).*

der Scherungsrichtung – nur die Ruhefrequenz. Diese *Automatie* der Rezeptoren ist durch unsere eigenen Versuche an Fischen ebenso wie durch direkte elektrische Ableitung von afferenten Fasern (O. Loewenstein 1950 u. a.) und vom Vestibulariskern (Adrian 1943) sichergestellt.

2. Ein *ständiger Impulsstrom* verbindet auch bei äußerer motorischer Ruhe schon höhere mit niederen Zentren. Auch dieser

Tatbestand ist durch elektrophysiologische Untersuchungen für verschiedene zentrale Stationen erwiesen und ergibt sich indirekt aus der »schock«artigen Aktivitätsverminderung bei Durchtrennung bestimmter absteigender interzentraler Bahnen. Der »spinale Schock« niederer motorischer Zentren nach Zerstörung etwa des Tractus vestibulospinalis entspricht dem »Schock«, den der linke Vestibulariskern nach Zerstörung des linken Labyrinths erleidet. In beiden Fällen wird ein ständiger, aktivierender Zustrom unterbrochen.

Diese beiden Voraussetzungen brauchen wir für die Deutung, die das Schema Abb. 3 erläutern soll. Das »Lagezentrum«, ein Komplex von Ganglienzellen, deren räumliche Verteilung uns

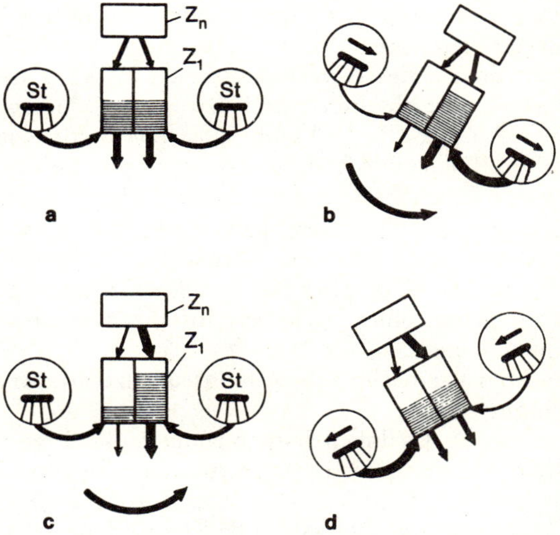


*Abb. 3 Schema zur Erläuterung des Zusammenwirkens von höheren Zentren ($Z_n$) mit dem niederen Lagezentrum ($Z_1$) und dem statischen Apparat (St) bei der Lageorientierung eines Fisches (um die Längsachse). Die Pfeile deuten durch ihre Dicke die Stärke des Impulsstromes (Zahl der Entladungen je Zeiteinheit) an, der von einem Teil zum andern fließt, die Schattierung der Halbzentren von $Z_1$ die Höhe der jeweiligen Aufladungen (Aktivität). St Statolith, die darüber befindlichen Pfeile in b und d bezeichnen die Richtung der Scherung; der große mittlere Pfeil in b und c die Richtung der Drehtendenz. a Normalsituation; b Drehtendenz zur Rückkehr in die Normallage nach passiver Neigung des Tieres; c aktive (spontane) Drehtendenz nach links; d deren Ergebnis, die geneigte Soll-Lage.*

hier nicht interessiert, besteht aus zwei Hälften, die je einen Impulsstrom vom Statolithenepithel und von höheren Zentralstellen empfangen. Sind beide Hälften gleich hoch aufgeladen (im gleichen Aktivitätszustand), dann senden sie einen beiderseits gleich großen Impulsstrom zu den niederen motorischen Zentren des Rückenmarks, der auch hier nur aufladend wirkt (Abb. 3 a): die allgemein bekannte »Tonus«wirkung des Labyrinths (Ewald; s. v. Holst 1950 a). Wird das Tier passiv nach rechts gekippt (Abb. 3 b), so erzeugt, wie durch Versuche sichergestellt ist (v. Holst 1950 a), die Scherung des rechten Statolithen eine Zunahme, die des linken eine Abnahme der Dauerafferenz. Der entstehende Niveauunterschied des rechten und linken Lagezentrums bewirkt einen ungleichen Impulsstrom ins Rückenmark, der dort die motorischen Apparate in Gang setzt, die insgesamt ein Drehmoment nach links erzeugen. Dieser Vorgang heißt in der klassischen Terminologie »*Lagereflex*«.

Ein entsprechender Niveauunterschied in den Lagezentren kann aber auch durch ungleichen Zustrom aus höheren Zentren entstehen (Abb. 3 c, d); der Erfolg ist *dieselbe* motorische Aktion wie vorhin[3]. Diesen Vorgang nennt der Physiologe eine »*Willkürbewegung*«. Es leuchtet ein, daß nun die *geneigte* Soll-Lage durch die Afferenz vom Statoapparat genauso gegen passive Störungen *gesichert* ist wie vorhin die Normallage; denn jede passive Lageänderung wird zu einer Niveaudifferenz der Lagezentren führen und damit, ohne daß höhere Instanzen bemüht werden, zu einem »Lagereflex«.

Betrachten wir nachprüfbare Konsequenzen dieser Modellvorstellung:

1. Zerstörung des linken Statoapparats muß infolge gleichseitiger Niveausenkung des Lagezentrums eine anhaltende Drehtendenz nach links bewirken. Und zwar muß diese ein Maximum bei rechter Seitenlage (stärkste aufladende Afferenz von rechts) und ein Minimum in linker Seitenlage haben. Das trifft für alle Wirbeltiere zu und ist bei Fischen quantitativ gesichert (v. Holst 1950 a). Das gleiche gilt, wie ebenfalls bekannt, für die Verletzung oder Zerstörung des Lagezentrums selbst (Vestibulariskern; Spiegel/Sato 1927).

[3] Der Gedanke, daß höhere Instanzen die Funktion haben, das Erregungsgleichgewicht in niederen antagonistisch zu verschieben, wurde zuerst bei der Analyse der relativen Koordination für die rhythmische Lokomotionsbewegung entwickelt (v. Holst 1936 a usw.). Er ist hier neuerdings auch durch Aktionsstromuntersuchungen weiter gesichert worden (Bernhard/Therman 1947).

2. Wenn das linke Lagezentrum sich von dem Schock der gleichseitigen Entstatung erholt hat und wieder bis zur Norm aufgeladen ist[4], dann dürfen die bei jeder Lageänderung auftretenden Drehtendenzen nur noch den halben Wert haben, da das linke Niveau konstant bleibt und nur das rechte lageabhängig ist. Das ist für Fische quantitativ gesichert (v. Holst 1950a).

3. Erhöhung der mechanischen Feldstärke und damit der Afferenz muß in gesetzmäßiger Weise den Anteil des Statoapparats an der Gleichgewichtsorientierung gegenüber anderen Gleichgewichtsorganen, z. B. dem Auge (Fische) erhöhen. Auch dieses ist quantitativ sichergestellt (v. Holst 1950a). Verdoppelung der mechanischen Feldstärke ersetzt z. B. genau einen fehlenden Statolithen (Punkt 1).

4. Nach Ausschaltung der höheren Zentren sollten keine aktiven Abweichungen aus der Normallage mehr auftreten. Auch dieses ist bekannt (Magnus 1924 u. a.).

5. Spontane oder durch andere Afferenzen über höhere Zentren veranlaßte Umstellungen der Soll-Lage sollten eine um so *geringere* Lageänderung bewirken, je *größer* die mechanische Feldstärke und damit der *Scherungsreiz* der Statolithen ist. Auch in diesem wichtigen Punkt bestätigt sich, wie wir sahen, die Erwartung: Der Ausgleich der Lagezentren wird bei etwa *derselben Scherung*, also bei schwererem Statolithen schon mit entsprechend *geringerem Neigungswinkel* des Tieres erreicht.

6. Umgekehrt müssen nach beidseitiger Ausschaltung der Afferenz geringe Ungleichheiten des Einstroms aus höheren Zentren zu *übertriebenen* Bewegungsausschlägen führen, da bei Fehlen der Reafferenz – mechanisch gesprochen – der »Anschlag« zerstört ist, der die begonnene Bewegung im richtigen Augenblick zum Stillstand bringt. Auch dieses Phänomen läßt sich jederzeit an freischwimmenden Fischen und Amphibien beobachten und ist vielfach beschrieben worden. Beiderseits labyrinthlose Tiere übertreiben jede intendierte Stellungsänderung so stark, daß oft ein allgemeines Taumeln resultiert[5]. Bei Land-

[4] Diesen zentralen Kompensationsvorgang hat unsere Mitarbeiterin L. Schoen (1949) quantitativ verfolgt; näher sei hier darauf nicht eingegangen.

[5] Über ganz analoge Beobachtungen an Insektenlarven hat Schöne (1950) berichtet. Die normaliter den Rücken zum Licht einstellende Dytiscuslarve schlägt z. B., wenn sie nach Blendung von vorwärts und rückwärts gerichteten Augen mit dem Kopf voran aufwärts schwimmt, Purzelbäume über den Rücken – offenbar weil der reafferente »Anschlag« (stärkere Belichtung der vorderen, geringere der hinteren Augen) fehlt, der die Korrekturbewegung zu bremsen hat. (Schönes eigene Deutung geht in ähnliche Richtung.)

tieren tritt dieses Verhalten infolge der Atonie nach Labyrinthverlust und wegen der starken Beteiligung von Muskelrezeptoren an der Bewegung (s. Abschnitt V, *B*, *C*) weniger hervor. Immerhin ist es bei Verlust nur eines Teils der Gleichgewichtsrezeptoren zu beobachten: Nach Zerstörung z. B. beider horizontaler Bogengänge tritt leicht instabiles Hin- und Herschwingen des Kopfes in der Horizontalebene bei intendierten Bewegungen auf (besonders bei Vögeln).

Aus unserem Gedankenmodell lassen sich also eine Reihe zutreffender Folgerungen ableiten, welche die Reflexlehre zum Teil nicht verständlich machen kann.

## IV. Allgemeinere Fassung des Reafferenzprinzips

Das Wesentliche im erläuterten Beispiel ist die Rolle der durch die aktive Bewegung verursachten Reafferenz. Sie hebt die Zustandsänderung, die ein Bewegungskommando des höheren Zentrums im niederen erzeugt, auf, so daß hier wieder das alte Gleichgewicht herrscht. Fällt unter experimentellen Bedingungen diese Afferenz aus, ist sie zu klein oder zu groß oder ändert sich ihr Vorzeichen (verdrehtköpfige Eristalis), so können voraussagbare Änderungen des Bewegungsvorgangs eintreten.

Wir wollen diesem Prinzip zunächst eine allgemeine Fassung geben und seine Gültigkeit dann an Beispielen verschiedener neuromotorischer Apparate erläutern.

Wir betrachten (Abb. 4) irgendein Zentrum $Z_1$, das einen Effektor *EFF* motorisch und sensorisch versorgt. Dieser Effektor kann ein Muskel, ein Glied oder der ganze Körper sein. Dem Zentrum $Z_1$ sind ein oder mehrere Zentren $Z_2$ bis $Z_n$ übergeordnet. Irgendein *Kommando K* von $Z_n$ – d. h. eine bestimmte *Änderung* des nach $Z_1$ absteigenden Impulsstroms – veranlaßt hier eine efferente Impulsfolge *E*, die eine ihr streng zugeordnete, mit bestimmter zeitlicher Verzögerung in der benachbarten Ganglienmasse sich ausbreitende Aktivitätsänderung verursacht, die *Efferenzkopie EK*. Der in die Peripherie abfließende Efferenzstrom *E* löst über den Effektor die zugehörige Reafferenz *A* aus, die mit der Efferenzkopie in Wechselwirkung tritt. Wir wollen die Efferenz und ihre Kopie hier willkürlich mit Plus (+), die Reafferenz mit Minus (—) bezeichnen. Die Efferenzkopie und die Reafferenz heben sich in $Z_1$ gegenseitig genau auf: Das von $Z_n$ absteigende Kommando fließt unbehindert als Efferenz heraus. Sobald in-

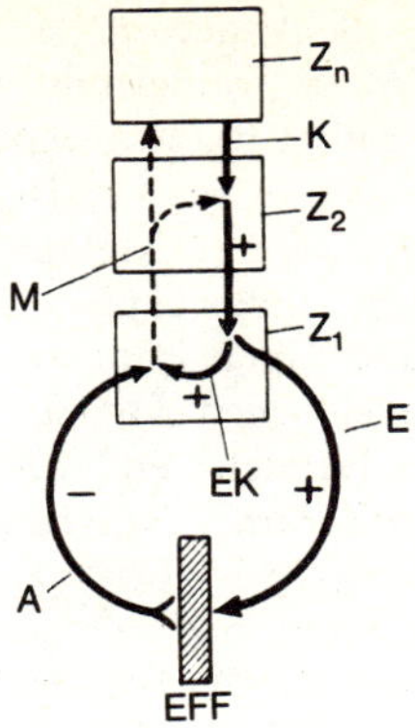


*Abb. 4 Allgemeines Schema zur Erläuterung des Reafferenzprinzips; Erklärung im Text.*

folge irgendeiner *äußeren Einwirkung* am *Effektor* die gesamte Afferenz zu groß oder zu klein ist, so bleibt in $Z_1$ entweder ein +- oder ein —-Rest übrig. *Dieser Rest* wird aufwärts – wie wir sehen werden, manchmal bis zu den höchsten Zentren – *weitergeleitet*; wir wollen ihn eine *Meldung M* nennen. Die aufsteigende Meldung kann – aber *muß nicht*! – auf ihrem Wege in $Z_2$ eine Abzweigung haben und dort noch einmal mit dem absteigenden Kommando *K* eine Summe bilden. In diesem Falle wird das System von $Z_2$ abwärts sich selbst im Gleichgewicht halten; es wird zu einem *Regelsystem* im Sinne der Techniker[6]. Nehmen wir etwa an, eine Einwirkung auf den Effektor *EFF* verursache eine *Zunahme* der —-Afferenz in $Z_1$, so wird jetzt die aufsteigende —-Meldung in $Z_2$ das +-Kommando *verringern*, bis wieder Gleichgewicht herrscht. Und umgekehrt wird eine von außen verursachte *Abnahme* der —-Afferenz in $Z_1$ einen +-Rest ergeben, und dieser wird über $Z_2$ das +-Kommando *verstärken*. Es wird also beide Male die *Efferenz so lange geändert*, *bis keine Meldung mehr von* $Z_1$ *weitergeht*[7]. Am Beispiel der Lageorientierung haben wir ein solches Regelsystem schon kennengelernt.

[6] Die Bekanntschaft mit der technischen Regelkunde danken wir Herrn Dr. Böhm (s. auch Böhm 1950).

[7] Es sei betont, daß diese »negative Rückkoppelung« (»Negative feed back« der angelsächsischen Literatur) kein notwendiger Bestandteil des Reafferenzprinzips ist und mit diesem nicht verwechselt werden darf! Das Entscheidende für unser Prinzip ist der Mechanismus, der Reafferenz und Exafferenz unterscheidet. In der Regeltechnik spielt diese Unterscheidung keine Rolle.

Wir wollen nun noch jede Änderung der Afferenz, die *nicht* direkte Folge einer Efferenz ist, sondern durch *äußere* Einwirkungen – über Proprio- oder über Exterorezeptoren – entsteht, eine *Exafferenz* nennen. Die Exafferenz ist also in unserem Schema der +- oder —-Rest in $Z_1$, der als Meldung weiterläuft.

Das erläuterte Schema macht zwei physiologische Annahmen:

1. Verschiedene Impulsfolgen können sich gegenseitig (additiv) verstärken oder auslöschen. Hierfür gibt es verschiedene Belege: Ein Beispiel im Bereich der Motorik ist die Überlagerung lokomotorischer Rhythmen verschiedener Frequenz bei der relativen Koordination (v. Holst 1935 f), wo je nach der Phasenbeziehung beide Rhythmen sich summieren oder aufheben können. Ein Beispiel im Bereich der Koordinierung von Sinnesdaten ist die exakte lineare Superposition statisch und optisch verursachter zentraler Aktivitätsunterschiede und die ebenfalls rein additive positive oder negative Mitwirkung operationsbedingter Aktivitätsdifferenzen im Lagezentrum der Fische (v. Holst 1950a).

2. Die Efferenz aus dem unteren Zentrum hinterläßt hier als »Kopie« eine bestimmte Zustandsänderung. Diese Annahme ist für höhere Zentren a priori plausibel und darf heute selbst für niederste Zentren als begründet gelten. Neuere Aktionsstromuntersuchungen am Rückenmark mit Hilfe antidromer (rückläufiger) Impulse in motorischen Fasern haben wahrscheinlich gemacht, daß die normale Entladung einer motorischen Ganglienzelle außer über den efferenten Neuriten auch über die kleinen, in die Nachbarschaft führenden Dendriten sich ausbreitet und dort eine Zustandsänderung in den benachbarten Zwischenneuronen bewirkt. Tönnies (1949) bezeichnet diesen Vorgang als »zentrale Rückmeldung« und mißt ihm große Bedeutung für die Erregungssteuerung im Rückenmark zu. Uns genügt hier die Feststellung, daß unsere Annahme physiologisch plausibel ist.

## V. Anwendung des Reafferenzprinzips auf verschiedene neuromotorische Systeme

### *A. Augenbewegungen*

Wir wollen nun prüfen, welche von der Reflexlehre nicht erklärten Erscheinungen das Reafferenzprinzip richtig voraussagt. Wir beginnen – um uns der Wahrnehmung als Aussagequelle bedienen zu können – beim Menschen und betrachten zuerst das optische System. Denn hier dürfen wir einfache Verhältnisse vermuten, weil das Auge als im Kopf geschützt liegende Kugel auf mechanische Störung der Bewegung nicht eingerichtet sein wird.

Eine Reafferenz des aktiv bewegten Auges kann zwei Quellen haben: 1. die retinale Bildverschiebung und 2. Impulse aus den Rezeptoren der Augenmuskeln. Nur die erste Quelle ist der bewußten Wahrnehmung zugänglich, die Beteiligung der zweiten kann höchstens erschlossen werden. Beginnen wir mit einer kritischen, weil a priori unwahrscheinlichen Vorhersage: Wenn das Auge unbeweglich gemacht wird und die Muskelrezeptoren ausgeschaltet sind (Abb. 5 a), dann muß auf das Kommando: Blickwendung (Bulbusdrehung) nach rechts! (alle Richtungsbezeichnungen auf die Versuchsperson bezogen) mangels jeder Reafferenz aus der Retina oder den Muskeln die Efferenzkopie vom untersten Zentrum in voller Größe als Meldung wieder aufsteigen. Und zwar muß diese Meldung ebenso lauten wie diejenige, die normaliter bei ruhendem Auge eine gleichgerichtete und gleich große Umweltbewegung bewirkt (Abb. 5 b)[8]. »Die gesamte Umwelt hat einen Sprung (von der Größe der intendierten Blickbewegung) nach rechts getan.« Diese Voraussage trifft zu! Man weiß seit langem von Augenmuskelgelähmten, und Kornmüller (1932) hat es im Selbstversuch mit betäubten Augenmuskeln genauer bestätigt, daß jede intendierte Bewegung die Wahrnehmung einer offenbar quantitativen Umweltverlagerung in der gleichen Richtung bewirkt. Diese »Scheinbewegung« ist von einer »objektiven« Bewegungswahrnehmung nicht zu unterscheiden – verständlicherweise, denn nach der Reafferenzhypothese trifft ja beide Male die *gleiche* Meldung ein. In diesem Versuch wird also sozusagen die *Efferenzkopie selbst unmittelbar zu Gesicht gebracht.*

Man deutet dieses Phänomen seit Hering (vgl. Trendelenburg 1943, 240 f.) mit der »Verlagerung der Aufmerksamkeit« bei Blickbewegungen. Eine plausible physiologische Deutung fehlt bisher. Wir werden gleich sehen, daß die »Aufmerksamkeit« damit nichts zu tun hat, denn dasselbe findet sich bei nichtbewuß-

[8] Das ist zu fordern, weil bei dieser Umweltbewegung die entgegengesetzte retinale Bildverschiebung stattfindet, als sie bei ausgeführter Blickbewegung nach rechts stattfinden würde. Die Richtungsumkehr bedeutet in unserem Schema eine Vorzeichenumkehr der Afferenz aus – in +, so daß eine mit der +-Efferenzkopie gleichlautende +-Meldung aufsteigen muß.

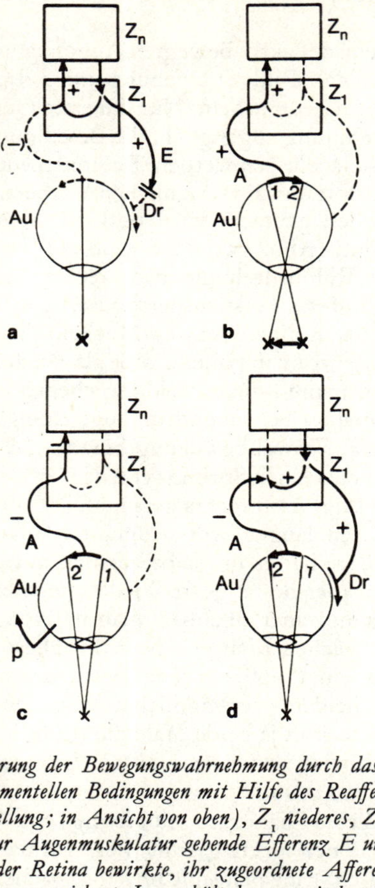


*Abb. 5 Erläuterung der Bewegungswahrnehmung durch das Auge unter normalen und experimentellen Bedingungen mit Hilfe des Reafferenzprinzips. Au Auge (Primärstellung; in Ansicht von oben), $Z_1$ niederes, $Z_n$ höheres optisches Zentrum. Die zur Augenmuskulatur gehende Efferenz E und die durch Bildverschiebung auf der Retina bewirkte, ihr zugeordnete Afferenz A sind analog dem Schema Abb. 4 gezeichnet. In a erhält das motorisch unbeweglich gemachte Auge den Kommandoimpuls, nach rechts zu blicken (Drehimpuls Dr zur Rechtswendung); in b bewegt sich der gesehene Gegenstand objektiv (×) nach rechts, er wandert auf der Retina von 1 nach 2; in c wird das Auge passiv (mechanisch), wie der Pfeil p andeutet, gedreht, das ruhende × wandert auf der Retina von 1 nach 2; in d führt das Auge eine aktive (kommandierte) Blickwendung nach rechts aus (Drehimpuls Dr wie in a), wobei das ruhende × auf der Retina von 1 nach 2 wandert. Nähere Erläuterung im Text.*

ten Augenbewegungen. Die Wahrnehmung ist uns nur ein bequemer Indikator für einen sonst schwer faßbaren physiologischen Prozeß.

Man erhält nun die gleiche Bewegungswahrnehmung wie oben, bloß im Gegensinne, nach links, wenn der Augenbulbus mittels einer Pinzette passiv nach rechts gedreht wird (Abb. 5 c). In diesem Falle fehlt das Bewegungskommando, und die retinale Exafferenz steigt unbehindert als Meldung nach oben, wieder eine »Scheinwahrnehmung« erzeugend: »Die Landschaft springt nach links.«

Wenn wir nun den ersten Fall mit dem zweiten kombinieren, also ein gelähmtes Auge im Moment des Bewegungskommandos passiv nach rechts drehen oder, was natürlich einfacher ist, mit dem *intakten* Auge eine Blickbewegung nach rechts machen, dann entstehen tatsächlich zwei einander komplementäre Impulsströme (Abb. 5 d): eine Efferenzkopie, die uns die Umwelt nach *rechts*, und eine Exafferenz, die sie nach *links* bewegt sehen läßt. Da diese beiden sich aber schon auf tiefer Stufe *($Z_1$)* gegenseitig annullieren, so kommt *keine* Meldung nach oben, wir nehmen weder das eine noch das andere wahr: die Umwelt steht, wie jedermann weiß, still. Was sie in *diesem* Fall auch »objektiv« tut. Die »richtige« Wahrnehmung erweist sich als die Summe zweier entgegengesetzter »falscher« Wahrnehmungen.

Dieser zentrale Apparat hat nun – wie alle technischen Gebilde – merkbare Genauigkeitsgrenzen. Er arbeitet nur im mittleren Blickbereich und bei maßvoller Bewegungsgeschwindigkeit zuverlässig. Blickt man z. B. mit dem Auge stark nach rechts und wandert nun mit dem Blick an einer senkrechten Zimmerkante schnell auf und ab, so führt diese eine deutliche »Scheindrehung« aus (Hoffmann 1924). Das rührt (nach unserer Deutung) daher, daß die Efferenzkopie des bei dieser Bewegung (entsprechend der Listingschen Regel) eine Rotation ausführenden Auges seine Afferenz nur teilweise annulliert, so daß eine Meldung nach oben geht. Auch bei schnellem Hin- und Herblicken mit den Augen nach rechts und links scheint die Landschaft im Gegensinn deutlich zu springen; hier bildet sich die Efferenzkopie offenbar zu langsam aus, so daß im ersten Moment eine kleine Meldung nach oben geht.

Die Tatsache, daß man durch passive Bewegung eines sonst intakten Auges und ebenso durch intendierte Blickbewegung mit dem mechanisch fixierten Bulbus – wie schon Helmholtz bekannt war – kräftige Scheinbewegungen der Umwelt erzeugen kann, zeigt, daß die Afferenz der Muskelrezeptoren für unsere Frage, wenn überhaupt, so nur von untergeordneter Bedeutung sein kann. Würden sie immer die Stellung des Bulbus anzeigen können, so wie Rezeptoren an den Gliedmaßen das vermögen (s. Abschnitt V, *C*), dann dürften überhaupt erst nach ihrer Ausschaltung (Kornmüllers Versuch) Scheinbewegungen auftreten. Man hat die Rolle dieser Muskelrezeptoren – wie wir auch weiterhin noch sehen werden – offenbar deshalb so stark überschätzt, weil die Reflextheorie keinen Gedanken an einen intrazentralen Rückmeldeprozeß aufkommen läßt.

Das Reafferenzprinzip gilt nun nicht allein für sogenannte »willkürliche«, sondern auch für jene unwillkürlichen Bewegungen, bei denen das Auge über das Blickfeld »schreitet«, indem es abwechselnd eine Stelle fixiert, sich abhebt und zur nächsten eilt, diese fixiert usw. Dieses »Schreiten« findet statt sowohl, wenn wir die Augen aktiv bewegen, etwa ein Buch lesen (wobei jede Zeile vier bis fünf Schritte erfordert), als auch bei Drehung von Kopf und Körper (labyrinthärer Nystagmus) oder wenn die Landschaft an uns vorbeizieht (optomotorischer Nystagmus). In all diesen Fällen gewahren wir gewöhnlich nichts von der ruckweisen Bildverschiebung auf der Retina, sondern sehen die Umwelt gleichmäßig in einer Richtung wandern bzw. (beim Lesen) stillstehen.

Die reflexphysiologische Deutung des Phänomens lautet: Wenn etwa die Landschaft an unserem Auge vorbeizieht (Blick aus dem Eisenbahnfenster), wird das Auge zunächst »reflektorisch« mitgezogen. Die dabei entstehende Bewegung der Augenmuskeln zeigt – über Muskelrezeptoren – Geschwindigkeit und Richtung der Umweltbewegung an; denn eine retinale Verschiebung, die sie vielleicht auch anzeigen könnte, findet ja nicht (oder in zu geringem Maße) statt. Wenn die Muskelspannung ein Maximum erreicht hat, erfolgt wieder »reflektorisch« ein Bewegungsimpuls in der Gegenrichtung: die schnelle Nystagmusphase. Die Afferenz der dabei entstehenden entgegengesetzten Bildverschiebung auf der Retina wird »gehemmt« oder kommt wegen ihrer Geschwindigkeit nicht zum Bewußtsein.

Dieser Deutung widerspricht unter anderem die Tatsache, daß man sich durch Fixieren eines hellen Kreuzes ein Nachbild auf der Retina entwerfen kann, welches im Dunkeln weiterbesteht und das man nun, z. B. bei Auslösung eines labyrinthären Nystagmus (bei geübter Selbstbeobachtung), abwechselnd langsam in einer und schnell in der anderen Richtung wandern sieht; es wird in der schnellen Phase also *nicht* ausgelöscht (Fischer 1926). Auf der Basis des Reafferenzprinzips ist dieses Verhalten, wie gleich gezeigt wird, zu fordern.

Man kann den viel diskutierten Nystagmusapparat am besten verstehen, wenn man unsere Bezeichnung »optischer Schreitapparat« ganz wörtlich nimmt. Betrachten wir zum Vergleich den lokomotorischen Apparat etwa eines Arthropoden (Geophilus; v. Holst 1933) nach Abtrennung höherer Zentren (Abb. 6). Durch kontinuierliche (z. B. elektrische) Erregung des Bauchmarks kann er aktiviert werden, dann schreiten die Beine geordnet aus – so wie ein gleichmäßiger Impulsstrom aus höheren Zentren den Nystagmus in Gang setzt. Er kann aber – wie der Nystagmus – auch durch Wegziehen der »fixierten Landschaft« aktiviert werden, indem man das Tierstück mit wechselnder Geschwindigkeit über den Boden zieht. Die Beine gehen dabei *aktiv* mit: Auch die gerade in Schwingphase wieder nach vorn bewegten Beine machen jede den am Boden befindlichen Beinen aufgezwungene Geschwindigkeitsänderung genau mit. Der Stemmphase entspricht die langsame Nystagmusphase: Beine und Auge fixieren, durch Exafferenz gesteuert, das Substrat. Der Schwingphase entspricht die schnelle Nystagmusphase: Beine und Auge lösen die Fixierung und machen einen Schritt in der Gegenrichtung. Hier wie dort brauchen höhere Zentren nichts von den Einzelschritten zu erfahren; kontinuierlich wie der Einstrom von oben ist der Rückstrom nach oben, der die relative Geschwindigkeit zwischen Subjekt und Umgebung meldet. Der Schreitapparat versagt, wenn das bewegte Substrat ungegliedert ist (Geophilus: Quecksilberfläche, Auge: homogenes Blickfeld) oder wenn die relative Bewegung zu schnell wird: dann bleiben Beine und Augen in Extremstellung nach hinten »festgeklemmt«.

Versuchen wir nun diesen zentralen optischen Schreitapparat genauer zu verstehen: Die Landschaft beginnt, sich am Auge vorbeizubewegen; es entsteht eine retinale Verschiebung, die so-

*Abb. 6 Kurzes Stück eines Arthropoden (Geophilus), der durch ein vorne befestigtes Häkchen über den Boden geführt wird. Die vom Boden abgehobenen Beine schwingen aktiv nach vorn (→), und zwar so, daß jedes Bein genau in die Fußstapfen seines Vordermannes tritt; es entsteht im ganzen die Laufspur eines Zweibeiners.*

gleich als +-Meldung in höhere Stationen geht, dabei in $Z_2$ und ins Schreitzentrum $S_z$ abzweigend (Abb. 7a). Diese +-Meldung steigt aus $Z_2$ sogleich als +-Kommando abwärts und veranlaßt eine Augenbewegung. Dadurch wird das Bild auf die alte Stelle der Retina zurückgeholt, es entsteht eine —-Afferenz, welche die +-Efferenzkopie in $Z_1$ neutralisiert, so daß die Augenbewegung wieder aufhören würde (Abb. 7b), wenn nicht der

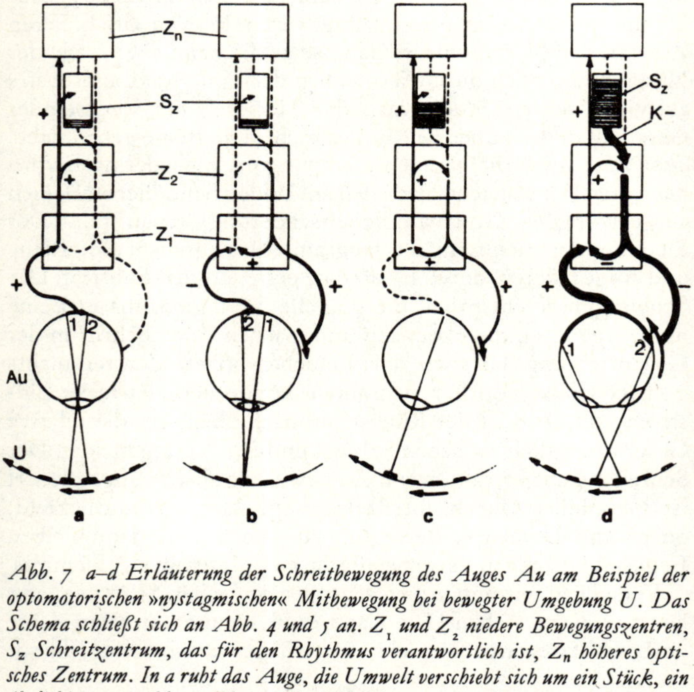


*Abb. 7 a–d Erläuterung der Schreitbewegung des Auges Au am Beispiel der optomotorischen »nystagmischen« Mitbewegung bei bewegter Umgebung U. Das Schema schließt sich an Abb. 4 und 5 an. $Z_1$ und $Z_2$ niedere Bewegungszentren, $S_z$ Schreitzentrum, das für den Rhythmus verantwortlich ist, $Z_n$ höheres optisches Zentrum. In a ruht das Auge, die Umwelt verschiebt sich um ein Stück, ein (beliebig ausgewähltes) Element des Sehbildes wandert auf der Retina von 1 nach 2. In b ist die aktive Mitbewegung in Gang gekommen, das betreffende Bildelement ist an seine alte Stelle auf der Retina zurückgewandert. In c bewegt das Auge sich mit gleicher Winkelgeschwindigkeit wie die Umwelt, das Bild bleibt auf der Retina unbewegt. In d entlädt sich das Schreitzentrum $S_z$ und bewirkt ein kräftiges Bewegungskommando K im Gegensinne; während der Zeit dieser schnellen Bewegungsphase bewegt sich die Umwelt weiter; ein beliebiges Bildelement wandert somit auf der Retina von 1 nach 2. Die Dicke der Pfeile deutet die Stärke der Impulsströme an. Nähere Erläuterung im Text.*

Vorgang von 7a sofort wieder einsetzte. So pendelt die Bewegung in einen Gleichgewichtszustand ein (Abb. 7c): Das Auge bewegt sich so schnell, daß keine (oder fast keine) retinale Verschiebung mehr auftritt und der ganze Regelkreis sich selbst in Gang hält. Dabei wird langsam das Schreitzentrum $S_z$ aufgeladen, bis es schließlich als ein »Kippsystem«[9] sich auf einmal entlädt und das Auge wieder in die Ausgangslage bringt (Abb. 7d): die schnelle Phase. Hierbei löschen Efferenzkopie und Afferenz sich aus, bis auf den kleinen, durch die Bewegung der Landschaft bedingten *ex*afferenten Rest, der weiterhin als vom Phasenwechsel unabhängige Meldung nach oben steigt. Und nun wiederholt sich das gleiche Spiel.

Man sieht, daß dieser ganze Apparat *kein* »Reflexmechanismus« ist, denn er muß bei genügender Selbsterregung oder Anregung von oben her auch *nach Aufhebung* aller *Afferenz* (vgl. Abb. 7c!) in Autorhythmie übergehen; was unter experimentellen und pathologischen Bedingungen in der Tat beobachtet wird.

## *B. Akkomodation*

Wenden wir uns von der Augenbewegung zu einem anderen Vorgang: der Akkomodation. Das einzelne Auge ist in der Ruhe auf Fernsicht eingestellt, da die elastische Linse durch Aufhängefasern abgeflacht ist. Die Nahakkomodation besorgt ein Ringmuskel, der dieser Spannung entgegenwirkt und der Linse gestattet, sich zu wölben. Bekanntlich vermittelt – neben anderen Kriterien – dieser Apparat, gemeinsam mit der Retina, die Wahrnehmung der ungefähren Entfernung und ungefähren Größe eines gesehenen Gegenstandes. Das gleich scharfe Netzhautbild wird, je nach der Akkomodationseinstellung, fern und groß oder nah und klein wahrgenommen; oder, wie die übliche Formulierung lautet: der »subjektive Größenmaßstab« hängt von der »vorgestellten Entfernung« ab.

Diese Tatsache kann die Reflexlehre nur mit der Annahme erklären, daß Rezeptoren im Akkomodationsapparat »reflektorisch« je nach dessen Einstellung eine verkleinernde oder vergrößernde Wirkung auf das nach oben gemeldete Bild haben.

9 Über physikalische Kippschwingungen als Modelle physiologischer Rhythmen hat besonders A. Bethe (1940) wichtige Versuche angestellt.

Indessen wird diese Möglichkeit durch die bekannte Erscheinung widerlegt, daß man bei Lähmung des Akkommodationsmechanismus durch Atropin im – vergeblichen – Bemühen, auf Nähe einzustellen, alle Dinge ganz klein werden sieht (Mikropsie), obschon der nicht bewegungsfähige periphere Mechanismus natürlich auch keine »Reflexe« auslösen kann. Umgekehrt sieht man alles groß werden, wenn man beim Akkommodationskrampf durch Eserin in die Ferne zu sehen sucht (Makropsie). Das Reafferenzprinzip erklärt diesen Zusammenhang.

Wir gehen von einem einfachen Fall (a) aus und entwerfen auf der Retina das scharfe Nachbild eines nahen Kreuzes; danach blicken wir auf eine ferne Wand. Das Kommando zur Ferneinstellung verursacht im niedersten Zentrum die entsprechende Efferenz zur Muskulatur mit der ihr zugehörigen Efferenzkopie. Da das Bild des Kreuzes auf der Retina unverändert und scharf bleibt, fehlt jede Reafferenz; die Efferenzkopie geht als Meldung nach oben und vermittelt eine *positive Wahrnehmung*, die bekanntlich lautet: »Das Kreuz ist (jetzt) viel größer.« Nun gehen wir dazu über (b), zuerst ein großes Kreuz, danach ein kleines im gleichen Abstand vom Auge direkt zu betrachten. Hier fehlt also ein Akkommodationskommando; die Exafferenz geht mangels einer Efferenzkopie glatt als Meldung nach oben und vermittelt eine positive Wahrnehmung: »Das (zweite) Kreuz ist kleiner.« Darauf nehmen wir (c) das größere Kreuz, betrachten es in der Nähe und entfernen es dann so weit, daß sein Bild auf der Retina ebenso groß ist, wie vorhin (b) das Bild des kleinen Kreuzes. Nun gibt es *erstens* die schon von (a) bekannte Meldung, die für sich allein »Kreuz ist größer«, *zweitens* die von (b) bekannte Meldung, die für sich allein »Kreuz ist kleiner« aussagt. Beide, die Efferenzkopie und die Exafferenz, heben sich schon in einem niederen Zentrum gegenseitig auf, es steigt *keine* Meldung nach oben. Die Wahrnehmung muß folglich konstatieren »Das Kreuz bleibt gleich groß« – was sie bekanntlich auch tut! Wiederum geht die »richtige« Wahrnehmung aus zwei sich kompensierenden »falschen« Wahrnehmungen hervor.

Mit dieser Deutung verstehen wir leicht auch die erwähnte Mikropsie und Makropsie. Denn wenn der periphere Muskelapparat der Efferenz nicht folgen kann, so muß die retinale Reafferenz ausbleiben und die Efferenzkopie, als Meldung wieder aufsteigend, die Wahrnehmung einer Größenänderung im vorauszusagenden Sinne vermitteln.

Interessant ist nun auch hier wieder, daß Reafferenz und Efferenzkopie sich nur in gewissen Grenzen genau aufheben. Wo die Akkommodation nicht mehr mitmacht, in großer Ferne oder in großer Nähe, sieht man die Dinge tatsächlich, wie zu erwarten, kleiner bzw. größer werden. Auch vermag der Apparat schnellen Entfernungsänderungen nur träge zu folgen, so daß ein schnell herangeführter Gegenstand zu wachsen scheint.

Das hier für die Entfernungseinstellung des Einzelauges geschilderte Prinzip läßt sich ebenso auf den beidäugigen aktiven Entfernungsmesser anwenden: auf die Konvergenz der Augen, die mit Nähe des fixierten Objekts zunimmt. Das sei hier nicht näher ausgeführt, da wir noch nicht sicher angeben können, ob überhaupt (und in welchem Ausmaß) Reafferenz aus den Augenmuskeln an dem Vorgang beteiligt ist.

### *C. Gliedbewegungen*

Wir betrachten einen anderen Apparat: die bewegte Extremität. Hier sind kompliziertere Verhältnisse zu erwarten, da im Gegensatz zum geschützten Auge passive (mechanische) Änderung der Stellung allenthalben in Frage kommt, über die das ZNS genaue Meldungen erhalten muß, um sinnvoll tätig zu sein. Die Wahrnehmung unterscheidet bereits mindestens vier verschiedene Qualitäten mechanischer Einwirkung: Berührung, Druck, Spannung (»Kraft«), Stellung. Die ersten beiden sind jedem geläufig, sie gehen ineinander über. Daß Spannung und Gliedstellung klar unterschieden werden, kann man deutlich erleben, wenn die mechanische Feldstärke im Zentrifugalfeld zunimmt. Erhöht man auf diese Weise sein Gewicht auf über das Doppelte, so erfordert z. B. das Heben des Arms – obschon von außen kein Druck auf ihn ausgeübt wird – ein erstaunliches Maß an wahrgenommener Kraft; gleichwohl ist man über die jeweilige Stellung oder Bewegung richtig informiert und erlebt beim nachträglichen Hinschauen auf den in eine gewünschte Lage gebrachten Arm keine Überraschung[10]. Diese Stellungsanzeige besorgen hauptsächlich Rezeptoren im Bindegewebe außerhalb des Muskels; für die Spannungsmessung sind weitere sowohl in Muskelfasern selbst als auch in den Sehnen verfügbar. Zusammen vermitteln sie die sogenannte »Tiefensensibilität«.

Beginnen wir sogleich mit einer konkreten Frage: Wie wird

[10] Selbstbeobachtung in einem nach Art einer Zentrifuge bewegten, rings abgeschlossenen Versuchsraum.

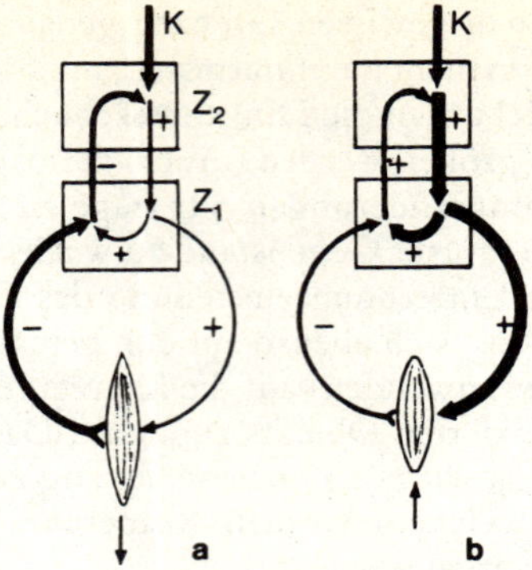


*Abb. 8 Erläuterung des Verhaltens eines belasteten Muskels, dessen zentraler Apparat so eingerichtet ist, daß er sich – analog Abb. 4 – an zusätzliche passive Dehnung (a) und Verkürzung (b) aktiv anpaßt, während der durch höheres Kommando (K) bedingte Tonus gleichbleibt. Erläuterung im Text.*

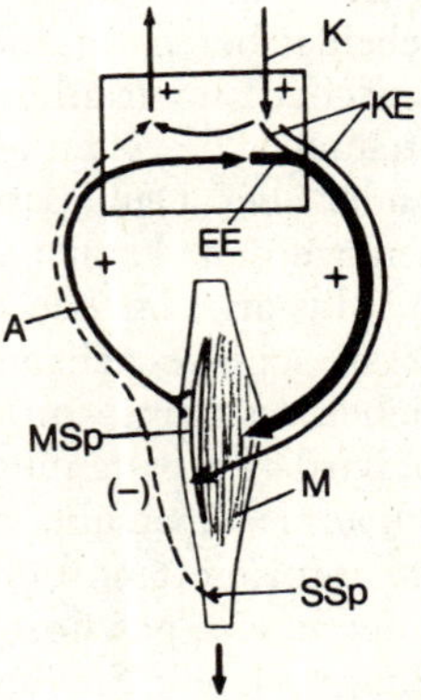


*Abb. 9 Verhalten eines durch höheres Kommando K leicht angespannten Muskels M, dessen zentraler Apparat so eingestellt ist, daß er sich einer zusätzlichen äußeren Belastung (↓) aktiv widersetzt. MSp Muskelspindel (Spannungsrezeptor); KE durch höheres Kommando verursachte, zum Muskel und zur Spindelfaser gehende Efferenz; EE zusätzliche Muskelefferenz, die direkt durch die Afferenz der gedehnten Spindel bewirkt wird; SSp Spannungsrezeptor in der Sehne (»Sehnenspindel«) mit höherer Reizschwelle, die zum in Abb. 8 gezeichneten zentralen Apparat führt.*

sich ein Muskel bei äußerer Belastung verhalten, in dessen Zentren Efferenz und Afferenz der Spannungsmesser in den Sehnen so geschaltet sind, wie wir es bei der Lageeinstellung der Fische kennenlernten? Der leicht angespannte Muskel wird gedehnt, so daß die Spannung zunimmt (Abb. 8a). Die vermehrte —-Afferenz (Exafferenz) steigt nach $Z_2$ auf und vermindert hier die Größe der vorherigen Efferenz: Der Muskel gibt aktiv nach. Bei Entlastung wird das Umgekehrte stattfinden; die von $Z_1$ nach $Z_2$ aufsteigende +-Efferenzkopie wird die Gesamtefferenz erhöhen: Der Muskel verkürzt sich aktiv (Abb. 8b). Das Glied, gleichgültig wie stark der Muskeltonus sein mag, wird »spastisch« der von außen aufgezwungenen Bewegung folgen. Mechanismen solcher Art sind weit verbreitet und treten in pathologischen Fällen bisweilen ganz rein hervor. Ein Beispiel in dieser Richtung ist auch der mit aufgezwungener Geschwindigkeit aktiv sich mitbewegende Geophilus (Abschnitt V, *A*); ganz das gleiche kann man an Wirbeltieren (Hund, Kröte) sehen, bei denen nach Brustmarkdurchtrennung die Hinterbeine zu wandern beginnen, wenn die Unterlage nach hinten weggezogen wird[11].

Beim aktiv innervierten Muskel des intakten Warmblüters ist die Reaktion auf Belastung freilich gewöhnlich gerade entgegengesetzt: Er kontrahiert sich so stark, daß der Belastung das Gleichgewicht gehalten wird. Dieser vieluntersuchte *Eigenreflex* (P. Hoffmann u. a.) geht vom sensiblen direkt zum motorischen Neuron, funktioniert also ohne Teilnahme einer Efferenzkopie und ohne eine »Verrechnung« an höherer Stelle. Seine Rezeptoren sind die Muskelspindeln, feine motorisch und sensorisch versorgte kontraktile Fasern (die etwa 1% vom Querschnitt des übrigen, nur motorisch versorgten Muskels ausmachen). Wenn wir uns die Afferenz aus den Muskelspindeln direkt auf die zur übrigen Muskelmasse führenden Motoneurone übergeleitet denken, können wir das Verhalten des Eigenreflexes verstehen (Abb. 9). Kontrahiert sich oder erschlafft der *unbelastete* ganze Muskel, so bleiben die Spindeln stumm, solange sie und die anderen Muskelfasern ihre Länge übereinstimmend ändern. Wird der ruhende oder der sich verkürzende Muskel belastet, so werden die Spindeln mitgedehnt und »feuern« solange, bis sie wieder durch Kontraktion der übrigen Muskelfasern ent-

[11] Allerdings muß zur Vorwärtsbewegung (Schwingphase) der Beine lokomotorische Aktivität dazukommen.

lastet sind[12]. Das ZNS gibt also die Soll-Lage oder Sollbewegung vor, und die Eigenreflexe setzen sie gegen äußere Widerstände durch. Den Spannungsrezeptoren in den Sehnen, die eine höhere Reizschwelle haben, dürfen wir die Aufgabe zuschreiben, bei übermäßiger Belastung diesen Reflexmechanismus aus- und den oben erwähnten Anpassungsmechanismus einzuschalten, damit der Muskel nicht reißt.

Mit diesem genialen Trick erreicht die Natur, daß der Organismus sich schon durch muskuläre Selbstregelung im Gleichgewicht hält. Erfolgt im ruhigen Stehen ein Stoß von links und das Tier schwankt nach rechts, so werden – noch ehe das Labyrinth Zeit hat, einzugreifen – die Strecker der rechten Beine infolge stärkerer Belastung sich versteifen. Das ungestört wie in weicher Federung stehende und gehende Tier bekommt – allein im Moment der Störung und nur an der beanspruchten Stelle – eine feste Stütze. Welch enorme Ersparnis an höheren Kommandoimpulsen und an Muskelenergie das bedeutet, kann man sich ausmalen.

Wir sehen also, daß das Reafferenzprinzip bei den Eigenreflexen anscheinend durch einen anders arbeitenden *peripheren* Mechanismus ersetzt ist, sonst aber auch bei Gliedbewegungen eine Rolle spielt. Nehmen wir nun, wie schon beim Auge, wieder die Wahrnehmung zu Hilfe, um dieser Frage weiter nachzugehen.

Auf den ersten Blick erscheint die bekannte Tatsache, daß Unterbrechung der afferenten Bahnen (Dorsalwurzeln) bei aktiven Bewegungen etwa des Armes trotz fehlender Reafferenz nicht zu Scheinwahrnehmungen führt, als Beweis gegen unser Prinzip. Doch das Argument hält nicht stand. Denn jede mögliche Wahrnehmung der Scheinbewegung eines Objekts setzt ein wahrgenommenes Objekt voraus, sie wird also hier an Tast- und Druckafferenzen gebunden sein, die aber ebenfalls fehlen. So führt auch – ganz analog – die Rückmeldung der Efferenzkopie des *im Dunkeln* aktiv bewegten Auges natürlich *nicht* zu optischen »Scheinbewegungen nicht wahrgenommener Gegenstände«. Hier wie dort fehlt eben das Wahrnehmungssubstrat überhaupt. Der Mensch mit amputiertem Arm verfügt zwar noch lange Zeit über dessen zentrale Repräsentation, er kann die nicht vorhandene »Phantomhand« öffnen und schließen, und

[12] Wertvolle Daten über Propriozeptorenfunktion aus uns nicht zugänglicher Literatur danken wir Herrn Dr. Lissmann, Cambridge (mündlich), wichtige Literatur Herrn Prof. P. Hoffmann, Freiburg.

er kann angeben, wohin er sie bewegt[13]. Doch findet all dieses, wie viele Aussagen bezeugen, in einem gleichsam »imaginären« Raume statt, der den »wirklichen«, d. h. afferenzbedingten Raum buchstäblich durchdringt.

Prüfen wir unsere Frage also lieber an Hand der konkreten Voraussagen, welche das Reafferenzprinzip für die Wahrnehmung macht.

Ist die Tiefensensibilität eines Gliedes herabgesetzt, so muß (abgesehen vom Erlöschen der Eigenreflexe und der damit verbundenen Muskelschwäche) bei aktiver Bewegung auf festem Substrat eine *positive* Wahrnehmung auftreten: Infolge zu geringer Reafferenz aus den Spannungsrezeptoren muß bei jeder das Glied belastenden Bewegung die Efferenzkopie als Meldung nach oben gehen: »Der berührte Gegenstand bewegt sich weg.« Diese Voraussage trifft zu! Ist z. B. bei Polyneuritis die Tiefensensibilität der Beinstrecker stark reduziert, dann nimmt man, etwa beim Absteigen vom Stuhl auf den Boden, wahr, daß dieser Boden »elastisch nach unten ausweicht«[14]. Die analogen Angaben bei Tabes dorsalis, daß der Boden »wie Gummi« sei, sind wohl ebenso zu deuten.

Als motorisches Gegenstück hierzu sollte man bei aktiven Bewegungen eine *zu weite* Exkursion fordern. Wie schon bei der Lageorientierung erläutert, fehlt bei herabgesetzter Reafferenz das, was wir mit einem technischen Bilde als den »peripheren Anschlag« bezeichnet haben. Im niedersten Zentrum wird der normale Gleichgewichtszustand nicht erreicht, die Efferenz geht weiter, die Bewegungsexkursion wird zu groß. Die übertrieben ausfahrende Bewegung des ataktischen Tabikers zeigt dies in der Tat sehr deutlich.

Ein anderes Beispiel: Nach dem Reafferenzprinzip sollte es für die Wahrnehmung einen großen Unterschied ausmachen, ob etwa Druckdifferenzen an der Fußsohle durch aktive Bewegung oder durch eine passiv an die Sohle herangepreßte Fläche bewirkt sind. Im zweiten Falle sollte man keine, im ersten deutliche Druckdifferenzen wahrnehmen. Auch dieses trifft sehr weitgehend zu. So hat D. Katz (1948) gefunden, daß, wenn man steht und aktiv die Fußsohle durch Gewichtsverlagerung, durch Aufstützen der Arme, Kniebeugen usw. sehr unterschiedlich belastet, die wahrgenommene *Unterschiedsschwelle 20mal höher*

[13] Leider scheint die wichtige Frage, ob dabei auch motorische Impulse bis in den Armstumpf laufen, noch nicht geprüft zu sein.

[14] Selbstbeobachtung von K. Lorenz (mündlich) u. a.

ist, als wenn man auf dem Rücken liegt und entsprechender Druck auf die Sohle ausgeübt wird[15].

Wiederum bezeugt uns also auch die Wahrnehmung die Gültigkeit des Reafferenzprinzips. Der Mechanismus wird im letzten Falle an ziemlich hoher zentraler Stelle zu suchen sein, da er das Verhalten der vier Gliedmaßen gemeinsam berücksichtigt.

## *D. Reafferenz und Lokomotion*

Wir können das Ausmaß von Reafferenz, das in einem neuromotorischen Apparat als *integrierender Bestandteil* eingebaut ist, somit daran ermessen, um wie viel weiter ausholend und zugleich ungenauer die Bewegung nach Zerstörung der sensiblen Bahnen ausgeführt wird. In dieser Hinsicht zeigen sich nun interessante Unterschiede: Bei niederen schwimmenden und kriechenden Formen (Fische, Amphibien) ist die Lokomotion nach Deafferentierung noch durchaus normal; bei schreitenden Säugern ist sie sehr ataktisch, und die komplizierteren Bewegungsfolgen der menschlichen Hand sind nur noch in einzelnen, weit übertriebenen und ungeordneten Bruchstücken möglich (Foerster 1936). Daraus folgt, daß bei den einfachen, monotonen Bewegungsformen das ZNS im Prinzip alles selbständig leistet, also »automatischen« Charakter hat (v. Holst, P. Weiß), während höhere Bewegungsformen zwar *keineswegs* »*Reflexreize*«, *wohl* aber eine *Reafferenz benötigen*! In der Reihenfolge: Schwimmen, Kriechen, Laufen, Klettern, Greifen, Tasten (Hand, Zunge) stehen am Beginn Bewegungen, die auf keine Afferenz, in der Mitte solche, die auf Reafferenz und daneben auch Exafferenz, und am Ende solche, die überwiegend auf Exafferenz gemünzt sind[16].

Die alte Streitfrage: Ist die Extremitätenbewegung »reflektorisch oder automatisch«? können wir unter diesem Aspekt ad acta legen: die Alternative war falsch! Um es bildlich auszudrücken: Die Bewegung des schwimmenden Fisches geschieht blindlings ins Dunkel hinaus, die bewegte Hand aber braucht beleuchtete Umgebung. Die deafferentierte Hand gleicht einem Blinden, der seinen Weg nicht gehen kann, weil er nicht weiß, wo er sich gerade befindet. Sein zentraler Bewegungsantrieb ist

[15] Der Autor selbst sucht diesen Tatbestand im Rahmen einer »Gestaltauffassung des gesamten Körpererlebnisses« zu verstehen.

[16] Die Zunge besitzt, ähnlich der mimischen Gesichtsmuskulatur, keine Propriozeptoren; bei den Fingern sind gerade die Propriozeptoren die wichtigsten Vermittler der Exafferenz.

deshalb *nicht* geringer als der des schwimmenden Fisches! Und wie dem Blinden der Tastsinn, so hilft umgekehrt der sensorisch gelähmten Hand das Auge: Beide bewegen sich mit solcher Hilfsafferenz um vieles besser.

### *E. Zusammenspiel mehrerer Afferenzen*

Die Situation im ZNS wird dort etwas verwickelter, wo Afferenzen aus verschiedenen, gegeneinander beweglichen Teilen des Körpers an der Stellung und Bewegung des ganzen Tieres beteiligt sind. Ein einfaches Beispiel: Bei Arthropoden wird die Laufrichtung durch Ganglien im Kopf gesteuert. Durchtrennt man die rechte Schlundkommissur und schaltet damit die Wirkung des rechten Sinneszentrums (Oberschlundganglions) aus, so entsteht – analog wie bei der Lageorientierung nach einseitiger Ausschaltung des Vestibulariskerns – eine Drehtendenz und zwar in diesem Falle nach links: Das vorwärtslaufende Tier krümmt sich nach links, das rückwärtslaufende nach rechts, beide Male werden also beim Laufen Linkskreise beschrieben (v. Holst 1934).

Wenn wir die begründete Annahme machen, das den Tonus in den Segmenten verschiebende Kommando käme aus einem übergeordneten Zentrum (Unterschlundganglion), so ist nach dem Reafferenzprinzip zu erwarten, daß bei Verringerung der Segmentzahl die Krümmung in den restlichen Segmenten sich verstärkt. Denn die ausfallende Reafferenz könnte nur durch entsprechend größeren Bewegungsausschlag und damit größere Reafferenz in den verbliebenen Segmenten wieder den zu großen Niveauunterschied im höheren Kommandozentrum ausgleichen. Diese Erwartung trifft in der Tat zu: Verkürzt man einen vielgliedrigen Arthropoden (z. B. Lithobius) von hinten her, so nimmt die Krümmung mit zunehmender Verkürzung zu (Abb. 10 und 11), so daß das halbe Tier Kreise läuft, die kaum halb so groß sind wie die des ganzen Tiers – für die Reflexlehre ein Kuriosum! (v. Holst 1934).

Wir sollten ferner erwarten, daß beim intakten, geradeaus laufenden Tier eine *passive* Verbiegung etwa des Hinterendes (falls sonstige Störungen ausbleiben) zu einer *aktiven* Gegenbiegung des Vorderendes führt, da die Exafferenz von hinten durch eine Gegenafferenz an anderer Stelle kompensiert sein muß, damit in summa die richtige Gesamtafferenz ins höhere Zentrum gelangt. Auch dieses Verhalten ist bei vielen Arthropoden unter

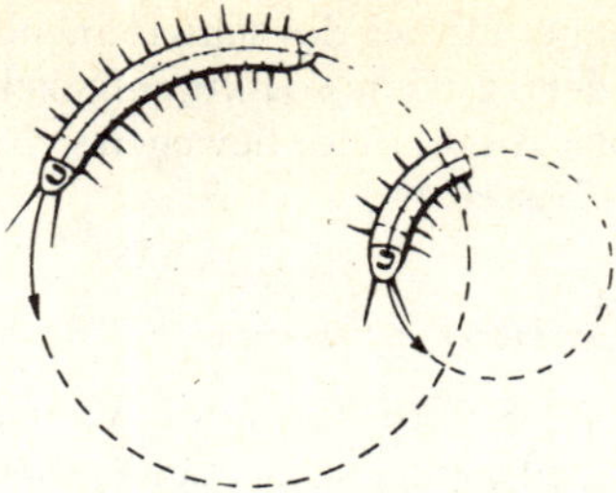

*Abb. 10 Arthropode (Lithobius) nach rechtsseitiger Durchtrennung der Schlundkommissur in Kreisen von bestimmtem mittlerem Durchmesser laufend; a Tier sonst intakt, b Tier von hinten verkürzt.*

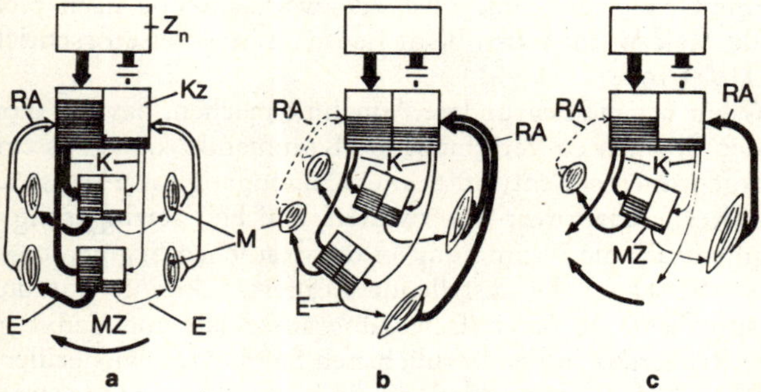


*Abb. 11 Schema zur Erläuterung von Abb. 10 $Z_n$ höheres Sinneszentrum (Oberschlundganglion); $K_z$ Kommandozentrum (Unterschlundganglion); K Kommando zu den niederen motorischen Segmentzentren MZ (von denen nur zwei gezeichnet sind); E Efferenz zum Muskel M; A Afferenz; RA Reafferenz von Stellungsmessern in den Körpergelenken. Die Dicke der Pfeile deutet die Stärke des Impulsstroms an. Der rechte Zustrom $Z_n$ nach $K_z$ ist unterbrochen. In Abb. 11 a verursacht das asymmetrisch aufgeladene Kommandozentrum eine gleichsinnige Asymmetrie in den motorischen Zentren; deren Efferenz bewirkt eine Krümmung (Tonusverschiebung) nach links (unterer Pfeil). Die Reafferenz dieser Krümmung, Abb. 11 b, lädt das Kommandozentrum gegensinnig auf, es stellt sich ein Gleichgewicht zwischen erforderlicher Innervationsasymmetrie und Reafferenzasymmetrie ein. Nach Entfernung des zweiten motorischen Zentrums ist die Reafferenz zu gering, es entsteht erneut Ungleichgewicht, die Tonusverschiebung muß folglich zunehmen (unterer Pfeil).*

dem Namen »homostrophischer Reflex« wohlbekannt (Abb. 12).

Nun gehen wir zu einem weniger einfachen Fall über: zur Lageorientierung der höheren Wirbeltiere und des Menschen. Beim Fisch war die Lageorientierung übersichtlich, denn das statische Sinnesorgan ist hier fest im Körper eingebaut; und außerdem hat die Motorik bei keiner Soll-Lage etwas Zusätzliches zu leisten, denn das mechanische Gleichgewicht ist indifferent. *Unsere* aufrechte Haltung dagegen ist labil, jede Soll-Lage erfordert besondere Innervationsverhältnisse, und überdies sind Kopf, Leib und Extremitäten gegeneinander beweglich. Das Labyrinth *darf* bei aktiver oder passiver Kopfneigung keinerlei »Gliedreflexe« auslösen, denn diese würden die Balance des Leibes nur verhindern! Beobachten wir das tatsächliche Verhalten (vgl. Abb. 13a–d).

Ein ruhendes Tier werde passiv, Kopf und Leib gemeinsam, nach rechts geneigt: Es macht eine aufrichtende Kompensationsbewegung mit den Extremitäten (Abb. 13b). Halten wir den Kopf in seiner Raumlage fest und kippen nur den Leib, so tritt die gleiche Bewegung auf (Abb. 13c). Neigen wir allein den Kopf, so versucht zwar dieser, sich aufzurichten, der Leib aber bleibt in Ruhe (Abb. 13d). Diese Beobachtungen sind am leichtesten mit der Annahme zu verstehen, daß die Lagerezeptoren im Körper liegen, was auch öfters vermutet wurde (Trendelenburg 1906, 1907, Fischer 1926). Doch dazu paßt gar nicht das Verhalten der Augen. Diese nämlich drehen sich im Kopfe in (b) leicht nach links, in (c) leicht nach rechts und in (d) kräftig nach links herum, so daß sie hier wieder etwa die gleiche Stellung zum Leib haben wie zuvor – ganz analog der Einstellung von Kopf und Hinterende beim »homostrophischen Reflex«.

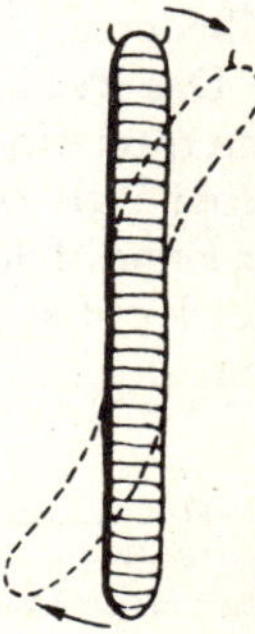

*Abb. 12 Arthropode (Julus), dem das Hinterende nach links gebogen wird und der daraufhin aktiv das Vorderende nach rechts wendet (»homostrophischer Reflex«).*

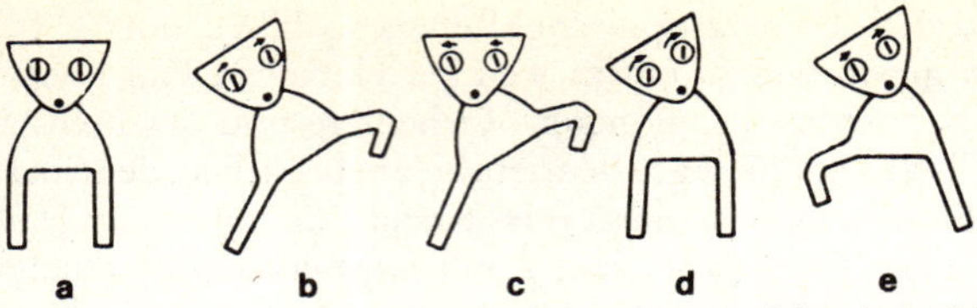


*Abb. 13 Skizze zur Erläuterung der Korrekturbewegungen der Glieder und der Augen eines Warmblüters (Säuger, Vogel) bei passiven Stellungsänderungen (Kipprichtung vom Tier aus bezeichnet). a Normalhaltung, b Kopf und Körper nach rechts geneigt, c nur der Körper, d nur der Kopf nach rechts geneigt. In e das gleiche wie in d, doch nach Entfernung der Labyrinthe (vgl. zu d und e Abb. 14).*

Die einfachste Erklärung des ganzen Verhaltens lautet: An der Stellung von Leib, Kopf und Augen sind (mindestens) *zwei* Afferenzen beteiligt: eine aus dem Statolithenapparat im Kopf, die andere aus Stellungsrezeptoren der Halsmuskeln. Diese beiden Impulsströme subtrahieren sich gegenseitig, soweit es die Stellung des Leibes, und sie addieren sich, soweit es die Stellung der Augen betrifft (Abb. 14a). Wenn diese Deutung stimmt, sollte man nach dem Reafferenzprinzip eine ganz bestimmte Fehlleistung erwarten, sobald die Afferenz aus dem Halse beiderseits künstlich ungleich gemacht wird: Das ZNS müßte diesen Eingriff als »Schieflage des Körpers bei geradestehendem Kopf« bewerten und eine entsprechende Kompensationsbewegung der Glieder in Gang setzen. Das ist auch tatsächlich der Fall: Wird links ein kaltes, rechts ein heißes Wasserläppchen an den Hals unterhalb des Felsenbeins angelegt (wodurch die Impulsfrequenz der linken Rezeptoren langsamer, der rechten schneller wird), so tritt die erwartete Stellungsänderung der Glieder ein[17].

Das Reafferenzprinzip fordert ferner genau die gleiche Mißinterpretation, wenn nach Ausschaltung beider Labyrinthe der Kopf aktiv oder passiv geneigt wird. Auch hier muß das ZNS, da keine Meldung einer Kopfschieflage mehr auftritt, »glauben«, der Kopf stünde gerade und der Leib stünde schief, und muß nun dessen vermeintliche Schieflage korrigieren. Auch dieses

[17] Das Phänomen wurde zuerst beschrieben von Griesmann (1922), bestätigt von Fischer und Wodak (1922); Goldstein/Riese (1925) benützten es als Argument für eine allgemeine Plastizitätsauffassung. Eine physiologische Deutung fehlt unseres Wissens.

trifft in der Tat, wie man seit langem weiß, zu (Dusser de Barenne, Magnus 1924; vgl. Abb. 13e und 14c).

Man hat, obschon derartige »Halsreflexe« seit langem bekannt sind – ihr Entdecker ist Barany (1906) –, aus der Tatsache, daß wir unseren Kopf allseitig neigen können, *ohne* daß der Leib »Reflexe« zeigt, geschlossen, daß uns solche Halsreflexe für gewöhnlich fehlen. Diese verbreitete Lehrmeinung geht wohl ebenfalls auf das Schuldkonto der Reflexlehre, die auf einen »Reiz« immer eine Bewegung fordert; und diese Bewegung fehlt ja hier gerade.

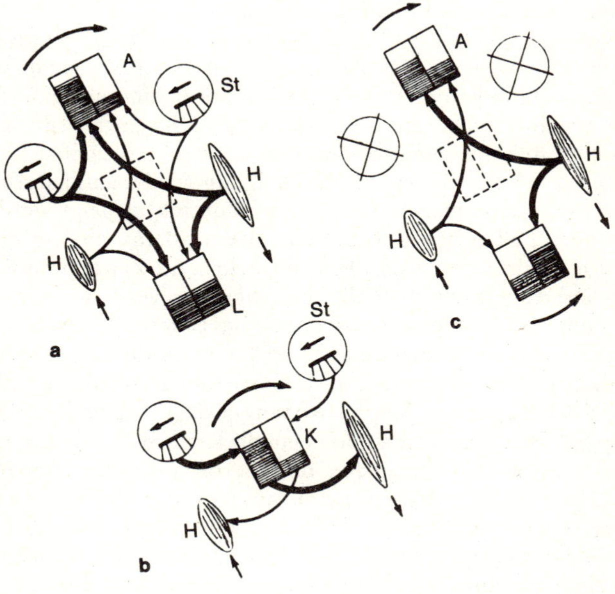


*Abb. 14 Schemata (analog Abb. 3) zur Erläuterung des Verhaltens eines Warmblüters mit Statolithenapparat (a, b) und ohne Statolithenapparat (c) bei (passivem) seitlichem Neigen des Kopfes (vgl. Abb. 13d, e. – Abb. 14a und b gelten ebenso für aktive Kopfneigung). Lagezentrum L des Körpers, A der Augen, K des Kopfes. H Halsmuskeln. Das Kopfzentrum ist in a aus Gründen der Übersichtlichkeit herausgenommen und in b extra gezeichnet (in c ist es weggelassen). Die Afferenz aus den Statoapparaten und aus den Stellungsmessern der Halsmuskeln ist entsprechend ihrer Größe fein oder dick gezeichnet. Die ungleiche Aufladung des Augenzentrums (A in a und c), des Kopfzentrums (K in b) und des Körperzentrums (L in c) bewirkt jeweils eine durch den gebogenen Pfeil angedeutete Drehtendenz. Nähere Erklärung im Text.*

Die dargelegte Annullierung von Labyrinth- und Halsafferenz gilt nur für den in die Rumpfgliedmaßen absteigenden Impulsstrom, nicht für das Auge. Hier addieren sich beide Komponenten. Neigung des Kopfes nach links macht eine solche Gegenrollung des Auges nach rechts – man kann sie im Spiegel leicht beobachten – wie Kippen des ganzen Körpers bei unbewegtem Hals und Biegung des Halses bei gleichbleibender gerader Kopflage (also Drehen des Körpers nach rechts) zusammengenommen[18], was schon Magnus und seinen Mitarbeitern bekannt war. Durch diese Summierung wird erreicht, daß bei Kopfbewegungen die Augen ihre Stellung zur Lotrechten und damit ihr Blickfeld einigermaßen beibehalten.

Was schließlich den Kopf selbst betrifft, so ist sein Verhalten leicht zu verstehen: Das Zentrum für die Kopflage empfängt seine Afferenz lediglich aus dem Labyrinth und schickt seine Efferenz an die Halsmuskeln. Der Kopf mit den Halsmuskeln ist dem Fisch mit seiner Gesamtmuskulatur vergleichbar (Abb. 14b). Er richtet sich bei passiver Neigung wieder auf, kann aber auch aktiv (Kommando aus höheren Zentren) geneigt werden. In beiden Fällen ist die Reafferenz, die aus dem Labyrinth und aus den Stellrezeptoren der Halsmuskeln in die Zentren für Körper- und Augenstellung fließt, die gleiche. So verstehen wir, daß für Leib und Augen aktive oder passive Bewegung des Kopfes keinen Unterschied macht. Daß der Leib und die Glieder ebenfalls aktiv in verschiedene Soll-Lagen gebracht werden können, wobei wiederum der Kopf unabhängig davon seine Raumlage beibehält, kann man sich nun ebenfalls leicht plausibel machen.

Mit diesem Zusammenspiel der neuromotorischen Apparate verstehen wir, wieso der Organismus sich so verhält, *als ob* der »Lagesinn« normaliter im Leib säße und als ob er mit der Entfernung der Labyrinthe in den Hals hinaufwanderte, so daß nun plötzlich Halsbiegung »Lagereflexe« verursacht – für die Reflexlehre in der Tat ein Rätsel!

## VI. Schluß

Das hier Vorgelegte ist ein erster, roher Entwurf. Vielleicht hat er aber doch deutlich gemacht, worin wir einen Vorteil des Re-

[18] Die relativen Anteile beider Afferenzen, hier (Abb. 13) gleich groß gezeichnet, können für die Augen auch ungleich sein.

afferenzprinzips gegenüber anderen Vorstellungen erblicken. Die Reflexlehre bezeichnet alles, was durch Reize bewirkt wird, mit dem gleichen Wort. Dagegen wäre nichts zu sagen – wir brauchen ja auch Sammelbegriffe –, wenn nicht hinter diesem Wort die verführerische Reflexbogenvorstellung stünde, die uns eine fast immer falsche Erklärung vortäuscht. Das Gegenstück der Reflexlehre, die *Plastizitäts*lehre (Bethe), laut der alles mit allem verbunden ist und sich Erregungen im ZNS wie in einem Nervennetz allseitig ausbreiten, hat zwar sicher recht in ihrer Negation der Reflexauffassung, aber weder die eine noch die andere oder irgendeine sonstige Anschauung vom ZNS kann im konkreten Fall voraussagen, was tatsächlich geschehen wird – und es *geschieht niemals Beliebiges*[19]. Das Reafferenzprinzip macht konkrete Voraussagen, an denen sich prüfen läßt, wo und wie weit es gilt. Es ist *ein* Mechanismus *neben anderen* und präjudiziert nichts über Automatie, Koordination und Spontaneität. Daher scheint es geeignet, entgegengesetzte Auffassungen miteinander zu verbinden. Da das Reafferenzprinzip quer durch die Physiologie des ZNS hindurch von niedersten Erscheinungen (passive und aktive Einstellung der Glieder, Beziehung der Körperteile zueinander) bis zu sehr hohen (Orientierung im Raum, Wahrnehmungen, Sinnestäuschungen) bestimmte Phänomene einheitlich deutet, so schlägt es auch eine Brücke zwischen niederer Nervenphysiologie und höherer Verhaltenslehre.

So hat man sich oft gefragt, ob Insekten ihre Eigenbewegungen von einer Bewegung ihrer Umgebung unterscheiden können. Mathilde Hertz (1934) bejahte mit sicherem Instinkt die Frage, konnte aber nicht plausibel machen, wie das zuginge. Die übrigen Untersucher haben die Frage mit v. Buddenbrock (1937) verneint, weil ja die Relativbewegung zwischen Tier und Außenwelt beide Male gleich sei. Wir erkennen jetzt: Das *Auge* unterscheidet eigene und Umweltbewegungen zwar *nicht*, aber das *Tier* – das immerhin noch ein ZNS besitzt, welches nicht nur aus Verbindungskabeln zwischen Rezeptoren und Muskeln besteht! – unterscheidet sie *wohl*. Es gewinnt mit Hilfe des Reafferenzprinzips die *Konstanz seiner objektiven Umgebung*.

In der menschlichen Psychologie spielen nun solche *Konstanz*-

[19] Bethe selbst ist wohl der gleichen Auffassung; das zeigen seine verschiedenen Versuche, durch physikalische Modelle das tatsächliche Geschehen näher zu erläutern. Das von ihm herangezogene Prinzip der mechanischen »gleitenden Koppelung« (1931) ist nach unserer Ansicht ein gutes Modell; die Ausführungen des Abschnitts V sind lediglich eine detailliertere Darstellung gleitender Koppelungen.

*phänomene* eine große Rolle. Daß wir z. B. bei Augenbewegungen die Umgebung ruhend wahrnehmen (Raumkonstanz) oder daß uns ein Gegenstand unabhängig von seiner Entfernung gleich groß erscheint (Größenkonstanz), sind bekannte Beispiele. Das Reafferenzprinzip erklärt, wie wir sahen, diese beiden Phänomene. Daß es nicht auch andere Konstanzphänomene erklärt, z. B. die auf einer zentralen Umstimmung beruhende »Farbkonstanz der Sehdinge«, ist nicht ein Fehler, sondern ein Vorteil des Prinzips, das wegen seiner konkreten Aussagen Scheinerklärungen heterogener Tatbestände nicht gestattet.

Auch zur Frage der *Objektivität der Wahrnehmung* schließlich vermittelt das Reafferenzprinzip einen ganz bestimmten Aspekt: Wir sahen mehrfach, daß die »richtige« Meldung lediglich die Resultierende von zwei »falschen« Meldungen ist, die für sich *allein* genommen den gleichen Charakter des »Richtigen« besitzen. Für ein niederes Zentrum, in das nur *eine* Afferenz eintritt, sind alle Meldungen in gleicher Weise »richtig«. Die Frage, ob eine Wahrnehmung auch »*objektiv*« richtig oder ob sie »Schein« sei, kann überhaupt erst auftauchen, wo mehrere verschiedene Afferenzen zusammenkommen. »Objektiv richtig« heißt dann nichts anderes als: Koinzidieren verschiedener Meldungen; als »Schein« wird eine Meldung bewertet, die zu den anderen nicht paßt. Das niederste Zentrum ist in dieser Hinsicht unbedingt dumm – aber wir sollten bedenken, daß auch das höchste nie klüger sein kann, als seine Afferenzen es zulassen, deren jede einzelne »täuschbar« ist!

Mögen diese Zeilen dazu beitragen, daß man es allmählich aufgibt, die Funktionen des höchstentwickelten Organs mit einigen wenigen primitiven Ausdrücken zu beschreiben. Je eher wir erkennen, daß jene *komplizierten höheren Funktionsgestalten*, vor denen der Reflexphysiologe ratlos steht, mit ihren Wurzeln *bis in die einfachsten Grundfunktionen* des ZNS reichen, desto eher wird die bisher schon aus terminologischen Gründen unüberschreitbare Schranke zwischen niederer Nervenphysiologie und höherer Verhaltenslehre sich in nichts auflösen.

# Zentralnervensystem
(1956)

Die vergleichende Physiologie des Zentralnervensystems (ZNS) hat inzwischen in mancher Hinsicht ein anderes Gesicht bekommen. Zu einem Teil liegt das an der fortschreitenden Verfeinerung der technischen Methoden, zum anderen an dem Auftauchen neuer und dem langsamen Absterben überkommener Vorstellungen. An bedeutenden Fortschritten sei erwähnt:

1. Die immer raffiniertere Aktionsstromtechnik ermöglicht seit einiger Zeit, die Tätigkeit einzelner Neuronen noch in die Ganglienmasse hinein zu verfolgen und sogar bis in das Innere des Zelleibes vorzudringen.

2. Verfeinerte Reizmethoden im Inneren des ZNS haben in einer Reihe von Fällen zur Entdeckung von Strukturen (Bahnen und »Kernen«) geführt, deren Reizung *natürliche* Verhaltensweisen oder Instinktbewegungen aktiviert; auf der anderen Seite ist das komplexe Verhalten intakter Organismen durch systematische Analysen vielfach in niedere Funktionselemente zerlegt worden, so daß die alte »Nervenphysiologie« und die alte »Tierspychologie« sich heute auf der Ebene einer *Verhaltensphysiologie* begegnen.

3. Das Für und Wider um die »Zentrenlehre« ist allmählich einer natürlicheren Auffassung gewichen, die im ZNS zahlreiche *Funktionssysteme* sieht, deren zusammengehörige Teile in verschiedenen Schichten des ZNS liegen und mit bestimmten Rezeptoren und Effektoren jeweils *Einheiten* bilden, deren verschiedenartiger funktioneller Aufbau von Fall zu Fall zu klären ist.

4. Auch die alte »Reflexlehre« beginnt zu zerfallen; der »Reflexbogen« erweist sich immer wieder als Fragment solcher funktioneller Einheiten; nur das Wort »Reflex«, unbestimmt und sehr verschieden gebraucht, lebt noch weiter.

5. Die Lehre von der *Automatie* zentralnervöser Elemente, also die Auffassung, daß viele Neuronensysteme auch dann (auf Grund von Stoffwechselprozessen) weiterarbeiten, wenn die peripheren Afferenzen unterbunden sind, hat sich immer mehr gefestigt. Sie wird ergänzt durch die Tatsache, daß auch die Mehrzahl der peripheren *Rezeptoren* eine *Automatie* besitzen; d. h. daß schon *ohne adäquaten Reiz* ein dauernder *afferenter Ein-*

*strom* ins ZNS stattfindet. Erst eine definierte *Änderung* dieser Afferenz zeigt eine bestimmte Reizung des Rezeptors an. Daraus folgt u. a., daß Durchtrennen einer afferenten Bahn *mehr* bedeutet als bloßes Fernhalten peripherer Reizung.

6. Schließlich versuchen Mathematik und technische Denkweise – unter dem Schlagwort »Kybernetik« – hier und da mit Erfolg in die Physiologie des ZNS (wie in die Psychologie, Psychiatrie, Soziologie usw.) einzudringen und wirken zum mindesten dort in hohem Maße »auflockernd«, wo die Denkart in Schematismen erstarrt war.

Es ist nicht die Aufgabe dieses und der späteren Berichte, über das Jahr um Jahr zusammengetragene Material von Fakten Auskunft zu geben. Sondern, mehr noch als in den früheren Jahrgängen, sollen nur solche Einzelthemen zur Sprache kommen, deren Behandlung – ohne die Phantasie des Referenten in unerlaubter Weise zu beanspruchen – ein hinreichend abgerundetes Bild ergibt. Der vorliegende Bericht befaßt sich mit bestimmten sehr wichtigen Regulationsmechanismen der Haltung und Bewegung, die im oben angedeuteten Sinne typische, gedanklich (und funktionell) isolierbare Funktionssysteme darstellen. Ihr histologisch auffallendster Bestandteil ist der kompliziert gebaute, motorisch und sensorisch innervierte Rezeptor, mit dessen Beschreibung daher begonnen sei.

## Das Muskelspindelsystem der Säuger (Katze, Kaninchen)

Unter zahlreichen älteren Histologen, die Muskelspindeln beschreiben, ragt besonders Ruffini (1893) hervor, dessen Angaben durch Barker (1948) bestätigt und erweitert worden sind. Spindeln finden sich besonders zahlreich in den Streckmuskeln der Extremitäten, etwas weniger häufig in den Beugern; sie liegen ferner besonders dicht in den Muskeln der menschlichen Hand und in denen des Augapfels, kommen in der Zunge, im Larynx, Diaphragma und sogar im Tensor tympani (gefunden beim Schaf) vor. Eine vereinfachte Skizze gibt Abb. 1. Wesentlich ist, daß die Spindel nicht zwischen anderen Muskelfasern eingespannt ist, sondern ihnen parallel verläuft. Die Muskelfasern der »Spindeln« selbst sind an beiden Enden motorisch innerviert durch dünne Nervenfasern (ca. 3–7 μ). In der Mitte liegt, von einer Kapsel und Lymphräumen umschlossen, ein beson-

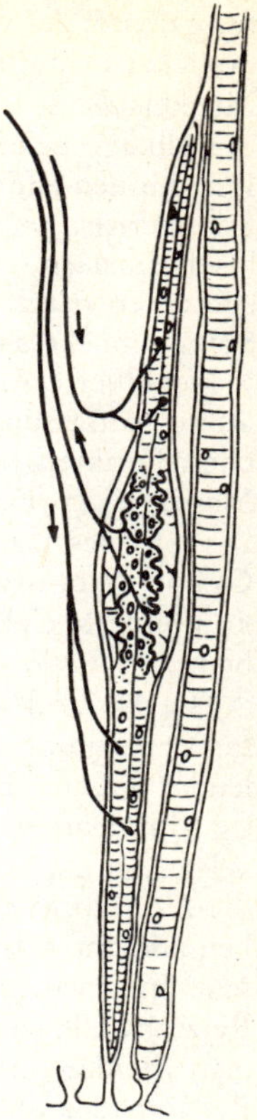

*Abb. 1 Aufbau einer (sensorisch nur einfach versorgten) Muskelspindel (in Anlehnung an Barker 1948).*

ders kernreicher (nicht quergestreifter) nicht-kontraktiler Abschnitt, der dicht umsponnen ist durch Ausläufer von mindestens einer, oft mehreren dicken (15–17 μ) sensorischen Nervenfasern. Die motorischen Nervenfasern der Spindelmuskeln geben bei Säugern fast nie Äste an sonstige Muskelfasern, wohl aber an andere Spindeln ab. Die übrige Muskelmasse wird gesondert durch dickere Nervenfasern (10–12 μ) versorgt.

Da bekanntlich die Leitungsgeschwindigkeit mit der Dicke zunimmt, aber aus Sparsamkeitsgründen die Nervenkabel im ganzen so dünn als möglich gehalten werden, so verrät schon die starke afferente Nervenfaser mit einer Leitungsgeschwindigkeit zwischen 60 und 125 m pro sec. die Beteiligung dieses Rezeptors an einem schnell-arbeitenden System. In dieselbe Richtung deutet der vielfach bestätigte Befund, daß die zugehörigen dorsalen Ganglienzellen mit motorischen Zellen des gleichen Muskels *direkt*, also über nur eine Synapse, in Kontakt treten – der einzige bekannte Fall eines »monosynaptischen Reflexes«. Die dünnen efferenten Nervenfasern der Spindelorgane, die in Streckern ca. 30% aller efferenten Fasern ausmachen, leiten zwei- bis dreimal langsamer (15 m pro sec. und darüber) als die übrigen efferenten Fasern (ca. 50 m pro sec.), die ihrerseits niemals zu Spindelmuskeln abzweigen.

Detaillierte Angaben über die Physiologie der Spindeln, die ältere Auffassungen, vor allem von P. Hoffmann, in wesentlichen Punkten bestätigen und präzisieren, verdanken wir seit Matthews (1933) einer Reihe jüngerer Autoren (Kuffler u. a. 1951, Eccles u. a. 1954, Lloyd 1953, Katz 1950, Hunt 1951–1952, Granit 1950–1952 u. a.). Die Befunde sind überwiegend durch kombinierte elektrische Ableitungen an einzelnen Fasern erhoben.

Die *intakte Muskelspindel* mit erhaltener afferenter und efferenter Versorgung ist unter normalen Bedingungen, auch bei fehlender äußerer Belastung des Muskels, gewöhnlich *dauernd* tätig. Ihre Entladungsfrequenz steigt mit der Belastung des Muskels (Abb. 2a, b); in dieser Hinsicht verhält sie sich ebenso wie die *Dehnungs-Rezeptoren* in den *Sehnen*, die von etwa ebenso dikken afferenten Fasern versorgt sind, aber keine eigene motorische Innervation und im allgemeinen eine wesentlich höhere Reizschwelle haben (Hunt 1951). Die Spindelentladungen nehmen ab oder verschwinden, wenn die *übrige* Muskelmasse durch Reizung der dicken efferenten Nervenfasern zur Kontraktion gebracht wird (Abb. 2c, d). Hierin verhält sich der *Sehnen*rezeptor *entgegengesetzt* (Abb. 2e). Und schließlich nimmt die Spindelfrequenz, ebenso wie bei äußerer Belastung, bei Reizung der dünnen efferenten Fasern zu, die zu den Spindelmuskelfasern führen (Hunt 1951–1952). Die Spindel feuert also immer dann, wenn ihr mittlerer, nicht kontraktiler Abschnitt durch Zug deformiert wird, gleichgültig, was die Ursache dieses Zuges ist. Die Entladungen werden jeweils – wie auch sonst bei vielen Rezeptoren – eingeleitet durch eine örtliche Depolarisation, welche die fortgeleiteten Impulse erst in Gang setzt (Katz 1950).

Die Spindelentladungen zeigen gleichzeitig zweierlei an:

1. die jeweilige Spannung der Spindelmuskelfasern, der eine bestimmte Entladungsfrequenz der Spindel entspricht, 2. die Spannungs*änderung*, die, je nach ihrer Geschwindigkeit, die Fre-

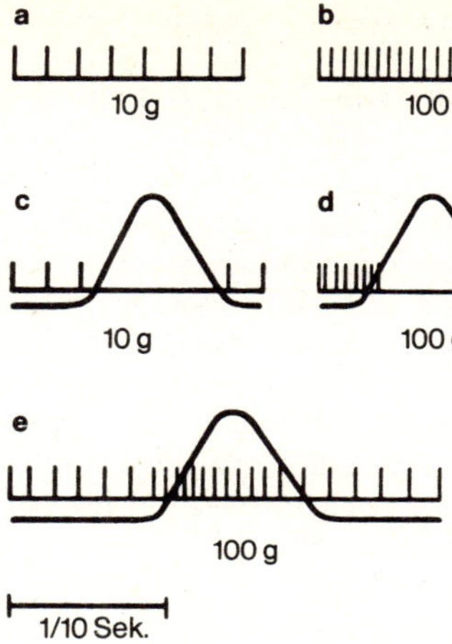


*Abb. 2 a, b Aktionspotentiale einer einzelnen Muskelspindel (Katze) bei verschiedener Belastung des Muskels; c, d, das gleiche während einer Zuckung, ausgelöst durch Reizung des Muskelnerven (Spindelmuskel nicht mitgereizt); e die entsprechende Reaktion wie bei d, jedoch von einem Sehnenrezeptor (nach Hunt u. Kuffler 1951, etwas schematisch).*

quenzkurve entsprechend überhöht. Während der Spannungszunahme gibt es »zuviel«, während der Abnahme spiegelbildlich »zuwenig« Entladungen. Die Muskelspindel ist also, wie so viele andere Rezeptoren auch, zugleich ein »Proportional«- und ein »Differentialquotienten«-Meßgerät.

Über den Bahnenverlauf, soweit er durch Aktionsmessungen an peripheren Fasern und im Rückenmark verfolgt wurde, hat sich ergeben (Eccles u. a. 1954): Die wichtigste Verbindung ist die monosynaptische, die zum gleichen Muskel zurückführt. Dessen Kontraktion wirkt notwendig entlastend auf die Spindeln im gleichen Muskel; die Spindeln feuern folglich langsamer oder verstummen. Die Spindelafferenz geht ferner über mehrere Synapsen zu weiteren Motoneuronen der Synergisten desselben Muskels, die in geringerem Ausmaße ebenfalls aktiviert werden, und schließlich, unter Vermittlung längerer Bahnen, zu Motoneuronen des oder der Antagonisten, deren Tätigkeit herabgesetzt, gehemmt wird. Reizung eines *Sehnenrezeptors* bewirkt dagegen gerade umgekehrt Hemmung des gleichen Muskels und seiner Synergisten, Bahnung der Antagonisten[1].

Die Spindelaktivität besitzt offenbar keinerlei cortikale Repräsentation. Dehnung eines Muskels (bei Vermeiden taktiler und anderer Nebenreize) läßt sich im Cortex (Katze) nicht registrieren (Mountcastle u. Mitarb. 1952). Die Spindeln dienen auch weder dem Spannungs- oder »Kraftsinn« noch der Feststellung der Position der Gliedmaßen. Wo keine eigenen Stellungsrezeptoren vorhanden sind, wie beim Auge, wird daher eine passive mechanische Verstellung nicht als solche wahrgenommen (hierüber in einem späteren Bericht); bei der Zunge genügt Ausschaltung der Hautrezeptoren, um die Wahrnehmung der Zungenstellung unmöglich zu machen, obschon im vorderen beweglichen Zungenabschnitt die Spindeln besonders zahlreich sind (Carleton 1938, Cooper 1953).

Umgekehrt gibt es aber starke *Einflüsse* auf das Spindelsystem der Gliedmaßen *von höheren Zentralstellen* her: Die allbekannte Streckstellung des decerebrierten Tieres ist Folge einer tonisierenden Bahnung des Spindelsystems (Sprague u. a. 1948). Elektrische Reizung im Hirnstamm (formatio reticularis) bewirkt eine allmählich ansteigende, den Reiz länger (a. $^1/_2$ Min.) überdauernde Aktivierung der Spindeln. Unregelmäßigere, d. h. von anderen Umständen mit abhängende Effekte sind vom Kleinhirn und Vestibulariskern zu erhalten (Sprague u. a. 1948, Granit/Kaada 1952). Direkte Reizung von Fasern der Pyramidenbahn bewirkt eine plötzliche, mit dem Reiz zugleich endende Spindelaktivierung (Granit u. a. 1952). Auch Auslösung bestimmter Reflexe, etwa des Ohrenkratzens, bewirkt Steigerung der Spindelaktivität in bestimmten Extremitätenstreckern (Granit 1952).

In all solchen Fällen werden also die Spindelmuskeln innerviert, die Spindeln folglich durch Dehnung gereizt, und so wird »reflektorisch« der Gesamtmuskel vermehrt in Tätigkeit gesetzt. Die Skizze Abb. 3 soll die wesentlichen Verbindungen illustrieren.

Aus dem Gesagten ergibt sich, daß wir hier (in der Hauptsache) einen einfachen Regelkreis vor uns haben: Die Spindelafferenz ist mit der Muskelefferenz in positivem, diese aber wie-

[1] Nicht unterschlagen sei, daß einzelne Autoren auch bei starker Reizung der Spindeln über einen hemmenden Effekt, der auf denselben Muskel zurückwirken soll, berichten (Hunt/Kuffler 1952); doch ist das umstritten (Brock u. a. 1951, Hodes 1953) und erscheint dem Referenten zweifelhaft.

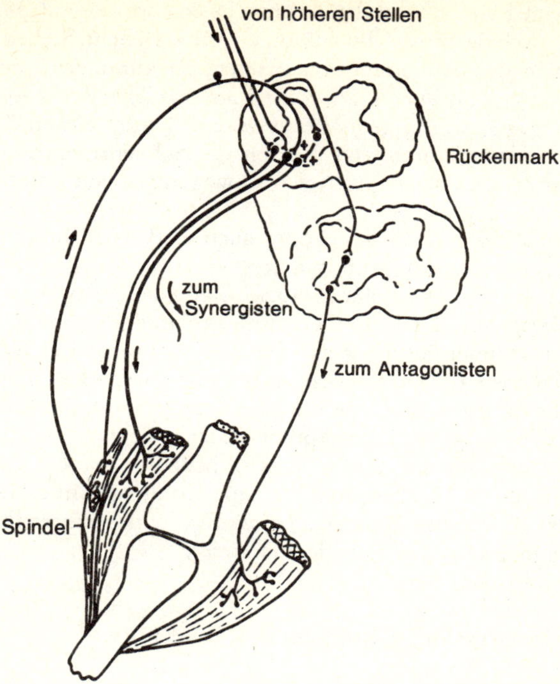


*Abb. 3 Schema der wesentlichsten Bahnen des Muskelspindelsystems; mit + sind fördernde, mit – hemmende Wirkungen bezeichnet (kombiniert nach Eccles u. a.).*

derum mit dem Reizzustand der Spindeln in negativem Sinne fest funktionell verkoppelt; d. h.: Spindelaktivität bewirkt Muskelaktivität, diese aber läßt die Spindeln durch Entlastung verstummen.

Die Spindel ihrerseits kann auf zweierlei Weise (für sie ununterscheidbar) gereizt werden: 1. durch äußere Belastung des ganzen Muskels und 2. durch efferente Impulse, z. B. ein Willkürkommando aus höheren Regionen, das zu den Spindelmuskelfasern geht. In beiden Fällen zwingt die Spindel die von ihr abhängigen Muskelelemente so lange zur Verkürzung, bis sie selbst *ent*lastet, also eine ganz bestimmte Muskellänge eingestellt ist. Diese Muskellänge aber kann wechseln, je nach dem efferenten Impulsstrom, welchen die Spindelfasern gerade erhalten. Es ergeben sich daraus wichtige Folgerungen:

1. Keine höhere Zentralstelle braucht sich um störende Widerstände und Belastungsschwankungen, die z. B. beim Stehen oder Laufen in den Extremitäten auftreten, zu kümmern; *für* ihre Beseitigung und *das »Durchsetzen« der jeweiligen Soll-Lage oder -Bewegung sorgt das Muskelspindelsystem.* Erst bei zu starken Widerständen oder Hemmnissen dürften die Sehnenrezeptoren auf den Plan treten und den weiteren Bewegungsablauf unterdrükken.

2. Ein *Willkürkommando* – oder auch z. B. ein Einfluß vom Labyrith her – *braucht* grundsätzlich *nur bis zur Spindelmuskulatur zu gelangen; die übrige Muskelmasse folgt über das Spindelsystem zwangsläufig nach.* Daß die Gesamtmuskulatur gleichwohl auch noch direkt innerviert ist, mag vor allem phylogenetisch bedingt sein. Daneben könnte es noch im Interesse besonders schneller Reaktionen liegen; doch beträgt die Verzögerung, die der Weg durch den Regelkreis des Spindelsystems bewirkt, immerhin weniger als 1/100 sec. Auf jeden Fall bedeutet also der Einbau von unzähligen Muskelspindelsystemen in die gesamte Muskulatur des Bewegungsapparates *für das ZNS* eine in ihrer Bedeutung kaum zu überschätzende *Entlastung.*

## Das Spindelsystem bei Kaltblütern (Frosch)

All dieses zeigt, daß der histologisch einfachste monosynaptische »Reflexbogen«, der vielfach als eine typische, generelle und elementare funktionelle Einheit angesehen wird, in Wirklichkeit das *Fragment* eines keineswegs elementaren Systems ist, das ganz *spezielle* Leistungen zu erfüllen hat. Ohne Zweifel ist es nicht etwa urtümlich, sondern phylogenetisch spät entstanden; denn Untersuchungen an Kaltblütern (Frosch) zeigen, daß es hier durch ein homologes System von ersichtlich niederer Entwicklungsstufe vertreten wird (Katz 1949, Kuffler 1953).

Der Frosch besitzt zwei getrennte Nerv-Muskelsysteme; eine histologisch schon früher erkannte Tatsache (Sommerkamp, Wachholder, P. Krüger), die sich auch physiologisch bestätigt hat: außer dem schnellen System, das dem der Warmblüter etwa entspricht, ein langsames, »tonisches«, dessen Muskelfasern sich nur auf mehrfache Reizung allmählich, lokal und lange anhaltend, kontrahieren und dessen dünne Nervenfasern etwa fünfmal langsamer leiten (2–8 m pro sec.) als die dicken des schnellen Systems. Die Spindeln sind hier mit Muskelfasern versehen, die denen des langsamen Systems ähneln und die – das ist wesentlich – ihre motorische Innervation von Nervenfasern erhalten, welche *außerdem* noch *andere* Muskulatur innervieren. Das bedeutet aber, daß Spindelmuskeln und sonstige Muskeln nicht getrennte Impulse empfangen können, so daß z. B. die Spindeln auch dann weiterfeuern, wenn der belastende Muskel sich kontrahiert.

Hier kann also höchstens von einem Regelkreis in statu nascendi die Rede sein; und es liegt nahe, das höherentwickelte System der Warmblüter von solchen Zwischenstufen herzuleiten.

Erwähnt sei noch, daß – als reine Konvergenz – auch bei Arthropoden (im Schwanzmuskel von Krebsen) ein den Muskelspindeln entsprechendes Organ vorkommt. Es wurde erst jüngst histologisch entdeckt (Alexandrowitsch) und ist, wie die Spindel, motorisch und sensorisch innerviert, wobei das sensorische Endbündel ein nichtkontraktiles Stück der Muskelfaser umspinnt; der adäquate Reiz ist auch hier die Streckung (Kuffler 1954). Wie die Schaltung im einzelnen aussieht, ist noch unbekannt.

## Das System der Stellungsrezeptoren

Die Funktion der beiden auf Spannung ansprechenden Rezeptorentypen, der Muskelspindeln und der Sehnenrezeptoren, ist – wie man sieht – bei Wirbeltieren deutlich genug unterscheidbar. Die Sehnenrezeptoren haben eine Schutzfunktion bei Überbelastung und sind ferner wohl die alleinigen Vermittler des »Kraftsinnes«. Beide Typen kommen für die Registrierung der Gliederposition, also der jeweiligen *Einstellung der Gelenke*, nicht in Betracht. Das folgt schon aus der Beobachtung, daß im konstanten Zentrifugalfeld (Karussell), wo das Anheben eines Gliedes mit erheblich vermehrter objektiver und subjektiver Anstrengung verbunden ist, bei geschlossenen Augen die Lage des Gliedes dennoch richtig wahrgenommen wird, obschon, bei gleichzeitigem Fehlen von taktilen und Druckreizen, die Spannung überall vergrößert ist, also eine Mißinterpretation sehr naheliegt (v. Holst). Die Gelenkstellung muß folglich durch belastungs- bzw. spannungs*unabhängige* Rezeptoren registriert werden, wie sie im dichten Umkreis der Gelenkflächen liegen. Dazu stimmt die Beobachtung, daß uns die Aussage über eine passiv eingenommene Fingerstellung nach Ausschaltung allein der Gelenknerven unmöglich wird (Stopford 1921) und daß die »Stellungsreflexe« des Halses durch Rezeptoren in den Intervertebralgelenken des Halses, nicht durch solche in der Muskulatur, ausgelöst werden (McCouch u. Mitarb. 1951).

Eine neuere systematische Untersuchung (Boyd u. Mitarb. 1953) gibt wichtigen Aufschluß über die Funktion der Stellungsrezeptoren im Katzenkniegelenk. Innerhalb der Gelenkkapsel finden sich zwei Typen von Rezeptoren; beide reagieren auf verschiedene Weise. Der eine Typ, wahrscheinlich die Vater-Pacinischen Körperchen, ist in der Ruhe stumm und feuert nur bei Stellungs*änderung*. Der andere Typ, wahrscheinlich Ruffinische Körperchen, besitzt *Daueraktivität*, beantwortet jede Position des Gelenks mit einer bestimmten Entladungsfrequenz, reagiert aber noch zusätzlich auf Stellungsänderung mit einer Überhöhung der Frequenzkurve, ist also ein »Proportional-Differentialquotienten«-Meßorgan. Der adäquate Reiz ist eine spezifische Deformation der Rezeptoren. Die Empfindlichkeit ist groß; eine Winkeländerung von 2° läßt die Frequenz eines Rezeptors z. B. von 13 auf 16 Entladungen pro sec. steigen, bei Bewegung in der Gegenrichtung wieder auf 13 absinken. Die verschiedenen Rezeptoren sprechen auf unterschiedliche Bewegungsrichtungen mit ihrer jeweils stärksten Frequenzzu- oder -abnahme an, so daß jeder Stellung ein bestimmtes Muster eines dauernden Afferenzstromes zum ZNS entspricht.

Wie man sieht, geschieht also die so wichtige Information über die Stellung der Gliedmaßen durch ein System von *Erregungsbildern*, die *ständig* da sind und deren »Aussehen« sich mit veränderter Gliedstellung gesetzmäßig wandelt. Die beiden Rezeptorentypen arbeiten hier nach dem gleichen Prinzip wie diejenigen in den Sinnesendstellen des Labyrinths (Loewenstein u. a.); damit wird verständlich, daß es dem ZNS gelingt, Afferenzen aus Labyrinth, Hals und Gliedern gegeneinander so zu verrechnen, daß die physikalisch richtige aufrechte (oder eine bestimmte davon abweichende) Position des Körpers ermöglicht wird (v. Holst/Mittelstaedt 1950) und daß man die Lage seiner Körperteile zueinander und zur Erdschwere richtig beurteilen kann.

Zusammenfassend zeigen alle diese Ergebnisse auf das deutlichste, einen wie groben und unnatürlichen Eingriff die – in der »klassischen« Reflexphysiologie so beliebte – elektrische Reizung einer dorsalen Rückenmarkswurzel oder eines afferenten

Faser*bündels* darstellt; genau wie bei direkter Reizung des Optikus tritt dabei an die Stelle eines geordneten Erregungsbildes ein zufälliges Durcheinander! Nur dort, wo afferente Kabel von aller*einfachsten* Rezeptoren herkommen oder wo intrazentrale Bahnen bereits verrechnete, integrierte einfache Daten weiterleiten, hat direkte Reizung *natürliche* Folgen: Es erscheinen wohlgeordnete Orientierungs- oder Instinktbewegungen.

# Aktive Leistungen der menschlichen Gesichtswahrnehmung (1957)

*Karl von Frisch zum 70. Geburtstag*

## I.

Es ist die Aufgabe der Sinne, den Organismus über seine Umgebung so genau zu informieren, daß er in ihr sein Leben führen kann. Dieser banale Satz enthält Probleme, die nur zum kleinen Teil gelöst sind und die auch dann noch bestehen würden, wenn die Tätigkeit der Sinnesapparate ganz erforscht wäre. Es genügt nicht, daß die Sinnesorgane möglichst genau »Reize« aufnehmen, auf die dann der Organismus mit »Reflexen« oder auch mit erlerntem Verhalten in bestimmter Weise »reagiert«. Um existieren zu können, muß er ja die für ihn wichtigen *Gegenstände* als solche unter den mannigfachsten Bedingungen wiedererkennen, und zwar unabhängig davon, welche »Reize« sie im Augenblick gerade aussenden oder wieviel davon den Organismus erreicht. Es darf nicht geschehen, daß ein heller Gegenstand dunkel gesehen wird, weil gerade wenig Licht auf ihn fällt, daß ein lautes Geräusch für leise gehalten wird, weil es von weit herkommt, daß ein ruhendes Ding bewegt gesehen wird, weil das Auge darüber hinweggleitet (so daß sein Bild über die Netzhaut wandert), daß ein großer Feind als kleine Beute erscheint, weil er weit entfernt ist (und deshalb ein kleines Bild auf die Netzhaut wirft), oder daß ein weißes Ding in der Abendsonne rot, unter grünem Blätterdach grün aussieht usw. Je mehr Unterscheidungen die Sinnesorgane überhaupt leisten, um so mehr Möglichkeiten des Irrtums treten auf.

Die Erfahrung lehrt, daß die Organismen – und auch der Mensch – solchem Irrtum im allgemeinen nicht erliegen. Wir wissen überdies von vielen Tierformen, daß sie sogleich mit Beginn ihrer Lebenstätigkeit richtig handeln, daß also das Lernen bei ihnen in dieser Sache keine wesentliche Rolle spielen kann. Bei uns Menschen ist diese Frage nicht so leicht zu entscheiden, da viele unserer Lebensfunktionen langsam heranreifen. Wir wissen, daß manches auch in unserer Wahrnehmung durch Erfahrung, durch Lernen abänderbar ist – woraus man vielfach den Schluß zog, dieses Vermögen könnte wohl auf bloßer Erfahrung beruhen. Doch zeigt es sich mehr und mehr, daß auch wir über eine angeborene Apparatur verfügen, die diese Leistungen vollbringt. Diese Apparate sind bis zu einem gewissen Grade plastisch, umstimmbar; und das müssen sie sein, weil hier eine Präzision verlangt wird, die weit über die Genauigkeit hinausgeht, welche die in der embryonalen Entwicklung entstehenden körperlichen Strukturen besitzen. So wird im Laufe der Jugendentwicklung die »Feineinstellung« besorgt. Doch zeigt sich andererseits, daß Erfahrung, Lernen und vor allem Einsicht auf die Vorgänge, von denen hier die Rede sein soll, einen erstaunlich geringen Einfluß haben.

## II.

Wie ist es möglich, daß der Mensch – auf ihn will ich mich hier beschränken – fähig ist, zwischen einer leisen, aber in der Nähe befindlichen, und einer lauten, aber weit entfernten Schallquelle zu unterscheiden; d. h. also, unabhängig von der Intensität, mit der sein Trommelfell in Bewegung gesetzt wird, zu sagen: dieses Geräusch oder dieser Ton »ist« laut oder leise? Im Bereich des Sehens gibt es eine ganze Reihe ähnlicher Leistungen. Die bekannteste betrifft die Helligkeitswahrnehmung. Wir sehen einen Gegenstand in einer bestimmten ihm *eigenen* Helligkeit, die sehr weit von der Lichtintensität unabhängig ist, die gerade von ihm ausgeht. Das Ausmaß dieser Unabhängigkeit wird erst dem Photographierenden peinlich bewußt, der ohne objektives Lichtmeßgerät Aufnahmen macht. Am hellen Mittag sind sie weit über-, gegen Abend weit unterbelichtet.

Man nennt derartige Leistungen in der Psychologie *Konstanz*leistungen und spricht etwa von einer Lautheitskonstanz oder einer Helligkeitskonstanz. Es scheint auf den ersten Blick so, als wenn der Organismus die Fähigkeit hätte, das, was die Physik den Sinnesapparaten liefert, gleichsam zu umgehen und an das, was ihn eigentlich interessiert, an die *Dinge*, auf einem direkten Weg heranzukommen. Doch so ist es nicht. Die Physik wird nicht umgangen, sondern sie wird in ihren Feinheiten auf raffinierte Weise ausgenutzt zum Zwecke mannigfacher Korrektur. Bei der *Lautheitskonstanz* ist es wohl vor allem das mit der Entfernung sich ändernde Stärkeverhältnis der Obertöne, das uns über den Abstand der Schallquelle berichtet; und aus ihm wird die Lautheit der Schallquelle selbst erschlossen. Das geschieht durch einen Apparat, an dessen Tun das Bewußtsein nicht teilhat und der daher unschwer irrezuführen ist. Wenn uns Laute begegnen, deren Schallspektrum vom gewohnten so abweicht, wie es sonst für einen entfernten Ton gilt, so verfallen wir einer Täuschung: Wir glauben, daß der Erzeuger dieses Lautes weiter von uns entfernt und daß die Schallquelle viel lauter sei. So geht es uns mit dem Kuckucksruf, der weit über das Land hinschallt, aber ganz zusammenschrumpft, wenn man den Urheber unerwartet nahe entdeckt. Auf ähnlichem Prinzip beruht die vielbewunderte »Tragfähigkeit« eines edlen Geigentons, der in der Nähe zart ist und mit der Entfernung buchstäblich *größer* wird.

Bei der *Helligkeitskonstanz* liegen die Dinge im Prinzip anders, aber immer noch recht einfach. Die Apparatur, welche hier in Funktion tritt und (bei Wirbeltieren) die Weite des Sehlochs, die Tiefenlage der Sehelemente in der Retina, ihre Abschattung durch vor- und zurückwandernde Pigmente, den Gleichgewichtszustand lichtempfindlicher Substanzen und schließlich die Empfindlichkeit optischer Zentren zu bestimmen hat, ist einfach abhängig von der mittleren Helligkeit des gesamten Blickfeldes, das wir gerade überschauen. Ihr Grundprinzip ist: soweit es irgend angeht, eine »bequeme« Helligkeit, unabhängig vom Lichtzustrom, aufrechtzuerhalten, in der wir, wie auf einer »richtig« belichteten Photographie, die Dinge kontrastreich wahrnehmen. Die Leistungsgrenzen dieser lebenswichtigen Apparatur sind dem nächtlichen Autofahrer wohlbekannt, dessen dämmrige Sehwelt sogleich in Finsternis verschwindet, wenn der Scheinwerfer eines begegnenden Fahrers sein Auge trifft.

## III.

Nicht ganz so einfach ist eine weitere Konstanzleistung zu verstehen, die darin besteht, daß wir die *Lage der Gegenstände relativ zur Erde* immer einigermaßen zutreffend beurteilen, und zwar unabhängig davon, welche Lage wir selbst, als Betrachter, gerade einnehmen, also wie das Bild im Auge orientiert ist. Wir tragen gleichsam, natürlich wieder unbewußt, in uns ein Koordinatensystem, welches auf die Erdschwere bezogen ist und in das wir das optisch Wahrgenommene entsprechend seiner Einstellung zum Schwerelot einzeichnen. Diese Leistung wird ermöglicht durch die Tätigkeit eines Sinnesapparates, der im Labyrinth liegt, des Statolithenapparats. Er besteht im wesentlichen aus Steinchen, welche auf Sinneshaaren ruhen, die durch das Gewicht dieser Steinchen je nach der Stellung des Kopfes in verschiedenem Ausmaß und in verschiedene Richtung abgebogen werden. Durch diese Abbiegung entsteht eine Reizkonfiguration, welche Impulse in ein niederes Lagezentrum sendet, das seinerseits aus diesen Impulsen die Lage des Kopfes im buchstäblichen Sinne *berechnet* und somit die Daten für die ständige Korrektur der Lage des Abbildes auf der Retina bereithält.

Auch solch eine Apparatur kann planmäßig irregeführt werden. Wenn ich in einer rings abgeschlossenen Zentrifuge sitze, die mit konstanter Geschwindigkeit umläuft, empfinde ich als »unten« die Richtung der Resultierenden von Erdschwere und Zentrifugalkraft; denn in diese Richtung drücken die Steinchen im Labyrinth. Sobald ich nun den Kopf (von der Resultierenden dieser beiden Kräfte abweichend) zur Seite neige, wird natürlich die Abbiegung der genannten Sinneshärchen eine viel stärkere sein als unter normalen Bedingungen, d. h. jenes Lagezentrum wird bei einer bestimmten Winkelabweichung einen viel größeren Winkel ausrechnen. Die Folge ist, daß ich unweigerlich die Dinge in der Zentrifuge sich mit meinem Kopf mitdrehen sehe, denn sie drehen sich ja auf der Retina um einen geringeren Betrag, als ihn das Lagezentrum errechnet und kompensiert. Anders gesagt: Das unbewußte Koordinatensystem schlägt zu weit aus!

Nicht minder eindrucksvoll ist meine Wahrnehmung, wenn ganz schwacher elektrischer Strom pendelnd quer durch meinen Kopf von einem Felsenbein zum anderen geschickt wird, ein Strom, der als solcher nicht zu spüren ist, aber hinreicht, jenes Lagezentrum rhythmisch zu reizen. Das Ergebnis ist, daß die betrachtete Umwelt um die Stirn-Hinterhauptachse rhythmisch pendelt; wiederum deswegen, weil mein unbewußtes Bezugssystem zur Erdschwere durch die Reizung rhythmisch ins Schwanken gerät.

Wie man sieht, ist der Mechanismus dieser Konstanzleistung, wir können sie die *Vertikalkonstanz* nennen, ein grundsätzlich anderer als derjenige der Helligkeitskonstanz. Es arbeiten hier zwei Sinnesorgane *gegen*einander. Wenn ich mich zur Seite neige, so dreht sich das Bild der Welt, die ich betrachte, auf der Retina im Gegensinne. Ohne Korrektur müßte ich notwendig meinen, die Welt hätte sich gedreht. Doch gleichzeitig wird der Statolithenapparat in Tätigkeit gesetzt und rückt mein unbewußtes, erdbezogenes Orientierungssystem wieder so zurecht, daß der optisch induzierte Fehler ungefähr wettgemacht ist.

## IV.

Es gibt nun noch einen weiteren, viel erstaunlicheren Typ von Konstanzleistungen, bei dem die Daten, die zur Korrektur der Störung oder »Täuschung« notwendig sind, weder aus dem aufnehmenden Sinnesorgan – wie bei der Lautheits- und der Helligkeitskonstanz – noch aus irgendeinem anderen, dagegen geschalteten Sinnesorgan – wie bei der Vertikalkonstanz – genommen werden können; aus dem einfachen Grunde, weil das Sinnesorgan solche Daten nicht enthält und ein Gegenspieler nicht vorhanden ist. Hier beginnen die eigentlichen *aktiven Leistungen* der optischen Wahrnehmung, denen unser besonderes Interesse gelten soll. Bis hierher konnten wir noch von einer geschickten zentralen Verwertung des in das Nervensystem einmündenden Reizstromes, der *Afferenz*, sprechen und die Störung selbst *und* ihre Korrektur als durch äußere Reize bedingt ansehen. Das aber ist im folgenden nicht mehr möglich. Nun tritt eine neue, korrigierende Kraft in Tätigkeit, die im Nervensystem selbst ihren Ursprung hat, ja mehr noch: die sich selbst in *spontan erzeugten Wahrnehmungen* äußern kann. Ich werde versuchen zu zeigen, daß eine große Anzahl sogenannter »optischer Täuschungen«, die man z. T. seit langem schon kennt und die im Bereich der menschlichen Wahrnehmung als Kuriosa, als Störungen gelten, in Wirklichkeit genau das Gegenteil von Störungen sind: nämlich Mittel, mit deren Hilfe peripher verursachte Störungen wieder wettgemacht, also Konstanzleistungen ermöglicht werden. Die beiden wichtigsten Konstanzleistungen, für die dieser Beweis geführt werden soll, sind die Richtungskonstanz und die Größenkonstanz der Sehdinge[1].

Unter *Richtungskonstanz* versteht man die Tatsache, daß wir die Dinge in unserer räumlichen Umwelt in der »richtigen« Richtung lokalisieren, daß wir also das Ruhende als ruhend und

[1] Der im folgenden durchgeführte Gedanke wurde zuerst durch Tierexperimente nahegelegt (v. Holst/Mittelstaedt 1950). Obschon in der Literatur bis 1951 anscheinend nicht erörtert, ist er so naheliegend, daß er auch früheren Autoren gekommen sein dürfte, die vielleicht durch herrschende Lehrmeinungen gehindert wurden, ihn ernst zu nehmen oder deutlich auszusprechen. In der physiologischen und psychologischen Literatur der letzten Jahre scheint er sich jedoch langsam auszubreiten.

das Bewegte als bewegt wahrnehmen, unabhängig davon, welche Bewegungen wir selbst (also Körper, Kopf und vor allem die Augen) ausführen. Wenn ich z. B. auf dem Bahnsteig stehe und meine Augen geradeaus auf einen Zug gerichtet halte, der sich in Bewegung setzt, dann wandert das Abbild des Zuges über meine Netzhaut genau ebenso, wie wenn der Zug steht, aber mein Blick aktiv über ihn hinweggeht. Im ersten Fall sehe ich jedoch, daß der Zug abfährt, im zweiten sehe ich, daß er stillsteht. Was ermöglicht diese lebenswichtige Unterscheidung?

Wir machen einen einfachen Versuch: Ich zeichne auf eine Tafel, die vor mir steht, in Augenhöhe ein Kreuz und zwei Handbreit links daneben einen Kreis. Nun betrachte ich mit beiden Augen das Kreuz, halte aber das rechte (zuvor berührungsunempfindlich gemachte) Auge mit Hilfe eines kleinen aufgedrückten Klemmringes in seiner Einstellung mechanisch fest. Nun wende ich meinen Blick nach links zum Kreise. Das linke freibewegliche Auge ist dann auf den Kreis gerichtet, das rechte, mechanisch festgehaltene kann der gewünschten Bewegung nicht folgen. Was ich überraschend wahrnehme, ist, daß in dem Augenblick, wo ich meinen Blick auf den Kreis hinwende, das Kreuz in den Kreis hineinspringt! Wir wollen diese Ausgangsbeobachtung noch ein wenig in ihre Elemente zergliedern. Es wird sich sogleich zeigen, wie sie zustande kommt.

Wir beobachten dazu nur das Verhalten des einen Auges und halten das andere einfachheitshalber geschlossen. Mit dem geöffneten Auge machen wir nacheinander drei Versuche (Abb. 1). Das Auge sei zunächst geradeaus auf irgendeinen Gegenstand, sagen wir auf ein Kreuz, gerichtet (Abb. 1 a). Nun wird der schon erwähnte Klemmring aufgelegt und das Auge mechanisch, also passiv, nach links bewegt. Ich nehme dabei wahr, daß das betrachtete Kreuz nach rechts wandert. Der zweite Versuch (Abb. 1 b) besteht darin, das Auge, das wiederum auf das Kreuz gerichtet ist, mit dem Klemmring in seiner Stellung festzuhalten und nun eine Blickwendung nach links zu *wollen*, zu intendieren. Diese Wendung wird vom Auge nicht durchgeführt, da es festgehalten ist; gleichwohl nehme ich wieder eine Bewegung wahr, das Kreuz wandert nach links! Dieser Versuch ist für uns besonders wichtig, denn er zeigt, daß eine Bewegungswahrnehmung auftreten kann auch dann, wenn das Abbild auf der Retina gar keine Bewegung ausführt. Diese Wahrnehmung kann also unmöglich ihren Ursprung in irgendeiner peripheren Reizung, in

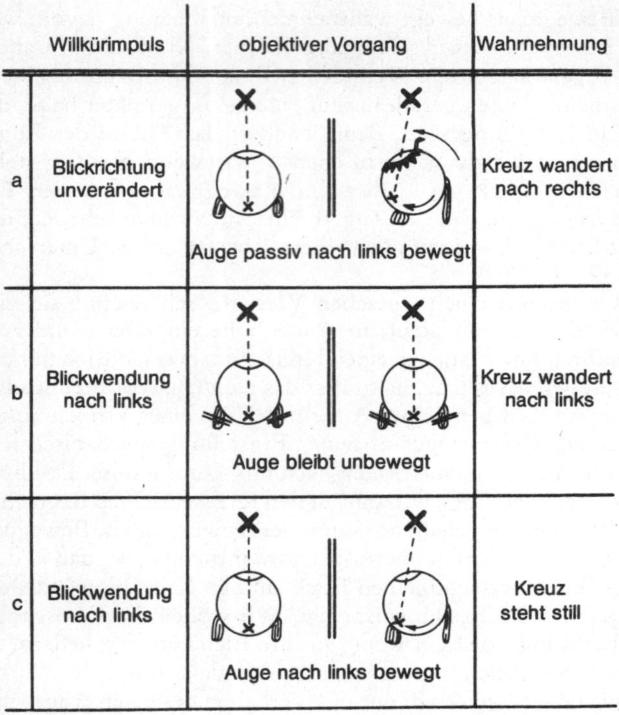


*Abb. 1*

einer Afferenz, haben[2]. Als drittes (Abb. 1 c) schließlich kombinieren wir die beiden eben geschilderten Versuche. Wir legen also den Klemmring auf das geradeaus gerichtete und das Kreuz betrachtende Auge, intendieren eine Blickwendung nach links und bewegen das Auge im gleichen Augenblick mit Hilfe des Klemmringes in die gleiche Richtung. Wenn der Versuch geschickt ausgeführt wird, ist das Ergebnis: das betrachtete Kreuz steht still! Das, was wir eben getan haben, ist aber nichts anderes, als was bei freier Blickbewegung immer geschieht: Wir intendieren eine Blickwendung nach links, das Auge führt die Wen-

[2] Man kann diesen zweiten Versuch auch in der Weise durchführen, daß das Auge nicht mechanisch festgehalten, sondern seine Bewegungsmuskulatur vorübergehend gelähmt wird (Kornmüller 1947). Das Ergebnis ist dann genau das gleiche. Damit entfällt die mögliche Erklärung, daß Sinneszellen in der Muskulatur, die bei der auftretenden Muskelspannung gereizt werden könnten, Ursache jener Bewegungswahrnehmung sind.

dung aus, und die betrachtete Umwelt bleibt an ihrer Stelle stehen. Das ist ja das Phänomen der Richtungskonstanz. Wir haben aber damit gleichzeitig schon den Schlüssel für die Erklärung des Phänomens in der Hand. Die Richtungskonstanz kommt zustande durch das Auftreten von zwei einander entgegengesetzten optischen Täuschungen: die eine (Versuch 1 a) ist die Folge der Wanderung des Bildes auf der Retina, die andere (Versuch 1 b) ist die Folge meiner Intention zur Blickwendung, meines Willkürkommandos. Indem beide gleichzeitig auftreten, heben sie sich gegenseitig zu null (Abb. 1 c) auf, und die Folge ist, daß wir die betrachtete Umwelt trotz unserer aktiven Augenbewegung unbewegt sehen.

Dieser einfache Funktionszusammenhang läßt sich in einem Schema darstellen (Abb. 2). Bewußt ist nur mein Willkürimpuls (etwa zu einer Augenwendung nach links) und das, was ich dabei wahrnehme. Was gleichzeitig unbewußt geschieht, läßt sich kurz so beschreiben: Es geht von einem höheren Zentrum ein »Kommando« zur Augenbewegung aus, welches durch Impulse an die Muskulatur zu der entsprechenden Drehung des Augapfels führt. Diese Drehung bewirkt ein Wandern des Abbildes auf der Retina. Dieser periphere Vorgang ist die notwendige »Reflexion« meiner Augenbewegung. Da der Ausdruck »Reflex« anderweitig vergeben ist, wollen wir ihn eine *Re-Afferenz* nennen. Würde es allein diese Reafferenz geben, so müßte ich bei jeder Blickwendung meine Umwelt umherspringen sehen. Der Versuch 1 b beweist aber, daß mein Willkürimpuls nicht nur ein Bewegungskommando, physiologisch eine Efferenz genannt, auslöst, sondern daß davon noch eine Abzweigung ausgeht, welche für sich allein ebenfalls eine Wahrnehmung erzeugt: von derselben Art wie die Reafferenz, nur mit umgekehrtem Richtungsvorzeichen. Diese Abzweigung, wir wollen sie *Efferenzkopie* nennen, trifft aber unter gewöhnlichen Umständen mit der Reafferenz zusammen und hebt sie auf. Die Dinge bleiben an

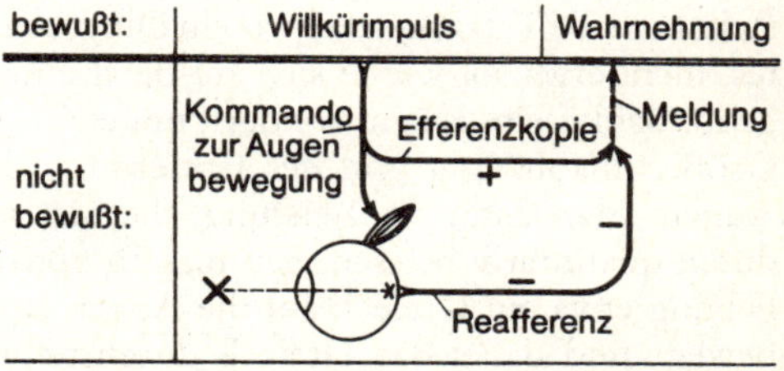


*Abb. 2*

ihrem Ort, weil keine Meldung an die Wahrnehmung hinaufgereicht wird. Nur wenn die Efferenzkopie ausgeschaltet ist, weil ein Kommando fehlt (Versuch 1 a), oder wenn die Afferenz ausgeschaltet ist, weil die Augenbewegung fehlt (Versuch 1 b), muß das betrachtete Bild einen Sprung tun, und zwar beide Male in entgegengesetztem Sinne.

Dieses Schema enthält nicht irgendeine Theorie, sondern nur die Beschreibung des Tatbestandes, den wir kennenlernten. Mit seiner Hilfe können wir nun Dinge voraussagen, die vorher nicht zu erklären waren. Gesetzt etwa, ich sehe eine am blauen Himmel vorüberfliegende Möwe. Ich kann das auf zweierlei Weise tun: Entweder halte ich meine Augen unbewegt in einer Richtung fest, dann sehe ich die Möwe durch mein Blickfeld ziehen; oder aber ich verfolge die fliegende Möwe mit meinem Blick und wende ihn immer zu ihr hin. In beiden Fällen nehme ich Richtung und ungefähre Geschwindigkeit des Fluges wahr, obschon im zweiten Falle auf meiner Retina sich nichts vorwärts bewegt. Die Erklärung dafür ist jetzt leicht zu sehen. Im ersten Fall fehlt ein Bewegungskommando, und die Wahrnehmung der Bewegung ist die Folge der Wanderung des Möwenbildes auf der Retina, der Afferenz. Im zweiten Falle fehlt eine solche Bildwanderung, und die Wahrnehmung der Bewegung ist die Folge des Bewegungskommandos, also der jetzt nicht ausgelöschten Efferenzkopie. Wir sehen hier die Möwe richtig vorwärts fliegen, weil wir über eine ganz bestimmte, mit unserem Willkürimpuls gekoppelte, optische (fälschlich so genannte) »Täuschung« verfügen!

## V.

Wir wenden uns einem weiteren Phänomen zu, *der Größenkonstanz*, wo die Zusammenhänge im Grunde die gleichen sind, nur sind mehr Einzelfaktoren beteiligt. Unter Größenkonstanz versteht man die Tatsache, daß wir ein Ding, auch ein uns unbekanntes, nicht etwa so, wie es sich auf der Retina abbildet, also bald groß, bald klein, sehen, sondern ungefähr in seiner »richtigen« Größe, unabhängig von der Entfernung des Dinges von den Augen. Man kann die Leistung, die hier vollbracht wird, dadurch quantitativ messen, daß man in optisch homogener Umgebung etwa ein Dreieck auf die Augen zu und von ihnen fort bewegt und dabei das Dreieck durch teilweises Abdecken so

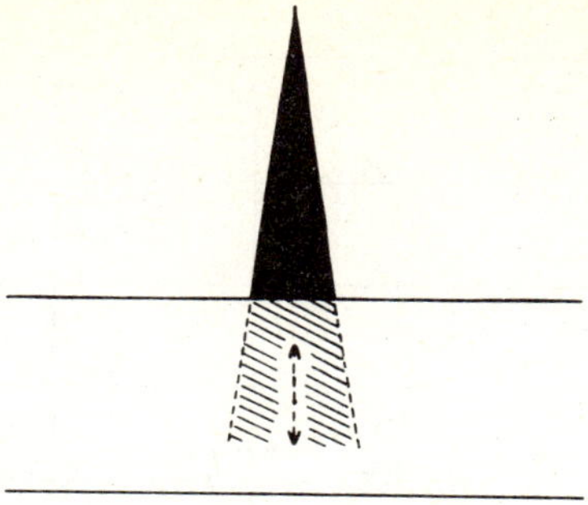

*Abb. 3*

größer oder kleiner werden läßt (Abb. 3), daß es der Wahrnehmung genau gleich groß bleibend erscheint. Für mich ergibt sich dabei die Kurve von Abb. 4 (bei anderen Versuchspersonen gibt es unbedeutende Abweichungen, die uns hier nicht weiter interessieren sollen). Ich sehe also im Bereich von 50 bis 10 cm Abstand, im »Greifbereich«, ein solches Dreieck genau gleich groß, wenn ich es bei seiner Annäherung auf etwa $^4/_5$ kleiner mache. Wollte ich das Bild auf der Retina gleich groß halten, so müßte ich das Dreieck auf etwa $^1/_{10}$ verkleinern.

Man kann das gleiche Ergebnis auch anders darstellen, indem man angibt, wieviel ein objektiv gleich groß bleibendes Dreieck in meiner Wahrnehmung bei Annäherung von 50 auf 10 cm größer wird (Abb. 5 b). Die entstehende Kurve verläuft fast horizontal, während gleichzeitig das Abbild des Gegenstandes im Auge rapide anwächst (Abb. 5 a). Die Konstanzleistung ist also in dem für uns besonders wichtigen Greifbereich eine sehr erhebliche! Wie kommt sie zustande?

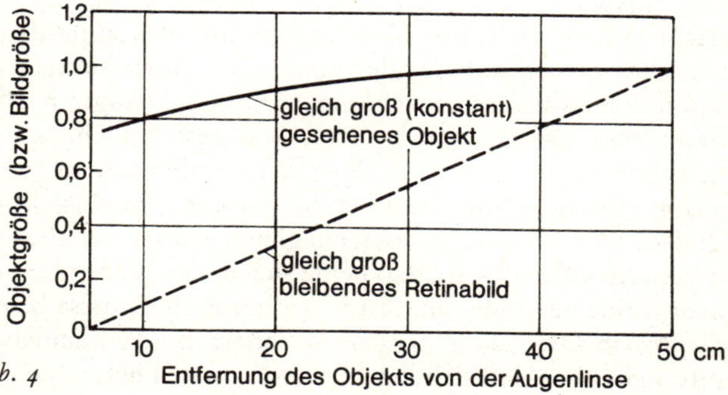


*Abb. 4*

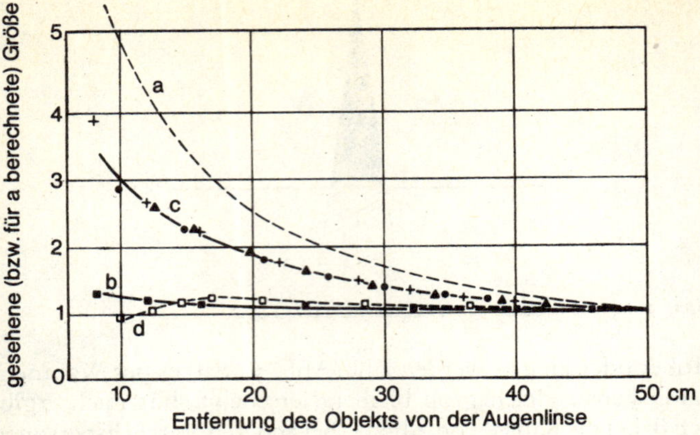


*Abb. 5*

a ––: *Größe des Retinabildes*
b ■ : *gesehene Objektgröße bei beidäugigem Fixieren*
c ● : *gesehene Objektgröße bei konstant gehaltener Akkommodation*
c + : *gesehene Objektgröße bei konstanter Konvergenz (von 40°)*
c ▲ : *gesehene Objektgröße bei konstanter Konvergenz und gelähmter Akkommodation*
d □ : *doppelter Abstand der Kurve c von Kurve a*

In Anlehnung an das, was wir vorhin über Richtungskonstanz erfuhren, werden wir vermuten können, daß auch hier das Willkürkommando beteiligt ist, das an aktive Bewegungsvorgänge gekoppelt sein könnte. Wir kennen in der Tat zwei aktive Bewegungsvorgänge bei der Fern- und Naheinstellung der Augen. Es sind die *Konvergenz*, d. h. die Änderung des Winkels zwischen beiden Blickachsen, und die *Akkommodation*, d. h. die Scharfeinstellung der Linse. Konvergenz und Akkommodation sind im allgemeinen miteinander verbunden, doch können wir sie experimentell voneinander trennen und unabhängig prüfen.

Wir richten unseren Blick nicht, wie gewöhnlich, auf *ein* Ding, sondern kreuzen willkürlich unsere Blickachsen (wozu ein wenig Übung gehört) und betrachten mit dem einen Auge ein Dreieck und mit dem anderen ein gleich großes, daneben gelegenes zweites Dreieck so, daß beide sich in der Wahrnehmung zu einem Bilde vereinen. Nun ist es leicht möglich, diese beiden gleich großen Dreiecke einander zu nähern oder voneinander zu entfernen, ohne daß sich ihr Abstand von den betrachtenden

Augen vergrößert oder verkleinert, also ohne daß die Akkommodation bemüht wird (Abb. 6). Der sogenannte »Fusionszwang« bewirkt, daß die Augen jeder Bewegung folgen, also, wenn die Dreiecke voneinander entfernt werden (in Abb. 6 von 1 nach 2 rücken), die Blickachsen sich immer mehr kreuzen, die Augen immer mehr »konvergieren«, so *als ob* man ein sich näherndes Ding betrachtete. Das Ergebnis dieses Versuchs, bei gleich groß bleibenden Dreiecken, ist sehr verblüffend: Je mehr nämlich die Augen zur Konvergenz gezwungen werden, desto kleiner wird das gesehene Dreieck. Man kann nun den Versuch so einrichten, daß die vorgezeigten zwei Dreiecke objektiv größer werden dergestalt, daß bei jedem Konvergenzwinkel die Wahrnehmung ein gleichbleibendes Dreieck konstatiert. Aus den dabei einzustellenden Größen errechnet sich leicht, um wieviel bei zunehmender Konvergenz ein gleich groß bleibendes Bild auf der Retina durch den Prozeß der Konvergenz selbst, also durch das Willkürkommando, für die Wahrnehmung verkleinert wird. Die Kurve (Abb. 5 c) stellt das Ergebnis dar. Wir haben also hier allein die Konvergenz im Spiel, denn die Akkomodation blieb unverändert.

Als nächstes untersuchen wir in gleicher Weise die Akkomodation für sich allein. Wir betrachten wiederum mit beiden Augen bei überkreuzten Blickwinkeln zwei gleiche Dreiecke, halten aber jetzt den Konvergenzwinkel konstant und lassen die Dreiecke auf zwei Schienen jedes dem zugehörigen Auge sich annähern und sich von ihm entfernen (Abb. 7). Bei Annäherung (von 1 nach 2) wird, im Gegensatz zum normalen Fall, das gesehene Dreieck sehr merklich größer; und wir verändern nun

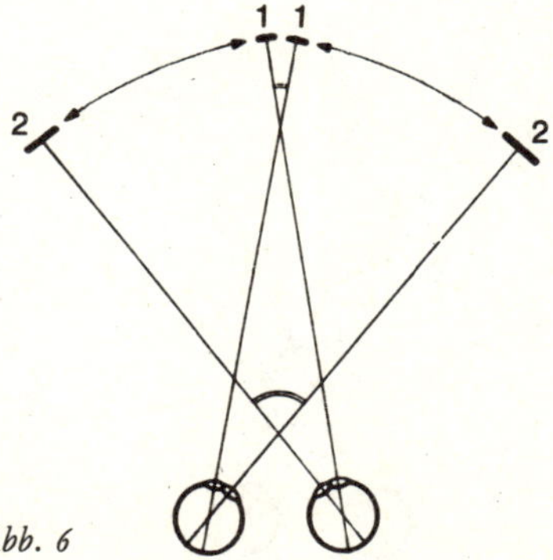


*Abb. 6*

die objektive Größe der vorgezeigten Dreiecke so, daß wir ein immer gleich groß bleibendes Dreieck sehen. Aus den gewonnenen Meßdaten ist wieder leicht zu errechnen, welche Verkleinerungswirkung die Naheinstellung des Auges auf die Größe des Retinabildes besitzt. Diese Kurve zeigt wieder Abb. 5 c. Sie verläuft (für meine Person) übereinstimmend mit der Verkleinerungskurve für reine Konvergenz. Beide Kurven liegen zwischen der Normalkurve der Größenkonstanz (5 b) und der Kurve, welche die Vergrößerung des Retinabildes bei Annäherung des Gegenstandes angibt (5 a), ziemlich genau in der Mitte. Das bedeutet: Der Willkürakt der zunehmenden Konvergenz und der Willkürakt der zunehmenden Naheinstellung der Linse sind je zur Hälfte an der Korrektur des Retinabildes beteiligt. Wenn wir beide Effekte zusammen addieren, so kommen wir zu der Kurve 5 d, die mit unserer Ausgangskurve der Größenkonstanz recht befriedigend zusammenfällt.

Unsere Vermutung, daß Konvergenz und Akkommodation mit der Größenkonstanz etwas zu tun haben, ist also voll bestätigt. Offen bleibt noch die Frage, ob das Willkürkommando selbst Ursache dieser Korrektur ist oder ob hier vielleicht Sinneselemente, die beim Bewegungsvorgang gereizt werden, die Korrektur vollbringen, so wie wir es ja bei der Vertikalkonstanz gesehen haben. Für die Konvergenzbewegung wird man eine solche Annahme kaum machen wollen, angesichts der Tatsachen, die wir schon bei der Richtungskonstanz anführten. Für

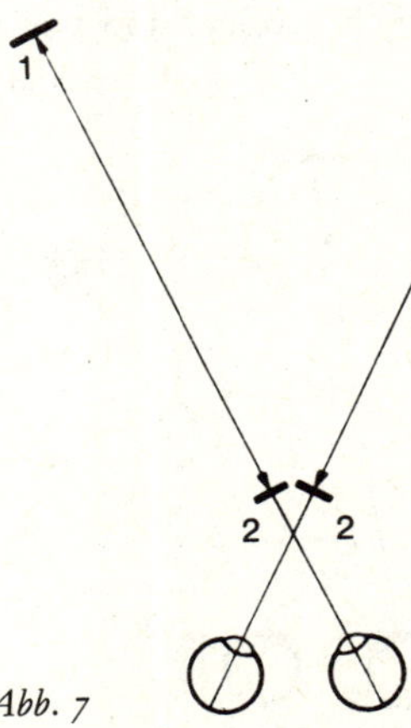


*Abb. 7*

die Akkommodationsbewegung läßt sich die Frage experimentell prüfen. Es ist nämlich auf einfache Weise möglich, die Akkommodation für einige Zeit zu lähmen. Man träufelt dazu einige Tropfen Atropin in das Auge, und dieses Gift lähmt die Ringmuskeln, welche bei der Naheinstellung zu einer stärkeren Wölbung der Linse führen. Die Linse bleibt jetzt in ihre elastischen Aufhängefasern eingespannt und flach, d. h. auf Ferne eingestellt, auch dann, wenn wir in die Nähe blicken wollen. Versuchen wir es, so tritt eine sehr eindringliche Sinnestäuschung auf, die man *Mikropsie* nennt. Schaue ich etwa mit atropinisiertem rechtem Auge, während das linke geschlossen bleibt, in den Hintergrund des Raumes, den ich normal wahrnehme, und versuche nun die Fingerspitze dicht vor meinem Auge zu fixieren, so gelingt mir dieses nicht, dafür aber schrumpft der ganze Raum, den ich auch weiterhin scharf sehe, zu einer kleinen Puppenstube zusammen. In diesem Falle geschieht also wieder, wie in dem geschilderten Versuch 2 mit der behinderten Augenbewegung (Abb. 1 b), *in der Peripherie überhaupt nichts*. Das Bild auf der Retina bleibt gleich, die Augenlinse bewegt sich nicht, etwaige Sinneszellen dort können nicht gereizt werden – und gleichwohl sehe ich die betrachtete Umwelt klein werden! Wir müssen folglich schließen, daß auch hier diese Sinnestäuschung die *direkte Folge meines Willkürkommandos* darstellt.

Es ist möglich, das Ausmaß dieser mikropischen Verkleinerung auch quantitativ exakt zu messen. Das Ergebnis dieser Messung lautet: Die Verkleinerung, die die Akkommodation bei funktionstüchtigem Apparat, und die Verkleinerung, die sie bei Atropinlähmung verursacht, sind genau gleich; das heißt: allein das Willkürkommando (genauer in unserer Terminologie: die Efferenzkopie dieses Willkürkommandos) erzeugt die besagte Wahrnehmung!

Wir kommen, wenn wir alles zusammenfassen, auch hier zu einem Funktionsschema, das dem der Richtungskonstanz entspricht, nur müssen wir unseren Willkürimpuls zur Naheinstellung in zwei verschiedene Befehlswege auflösen (Abb. 8). Der eine führt zur Konvergenzbewegung, seine Efferenzkopie bewirkt eine Wahrnehmungstäuschung bestimmter Größe. Der zweite führt zur Akkommodationsbewegung, seine Efferenzkopie bewirkt eine Wahrnehmungstäuschung von gleicher Richtung und etwa gleicher Größe. Die Annäherung des Bildes an das Auge indessen bewirkt eine Bildvergrößerung auf der Retina und damit auch eine Wahrnehmungstäuschung; und diese ist ebenso

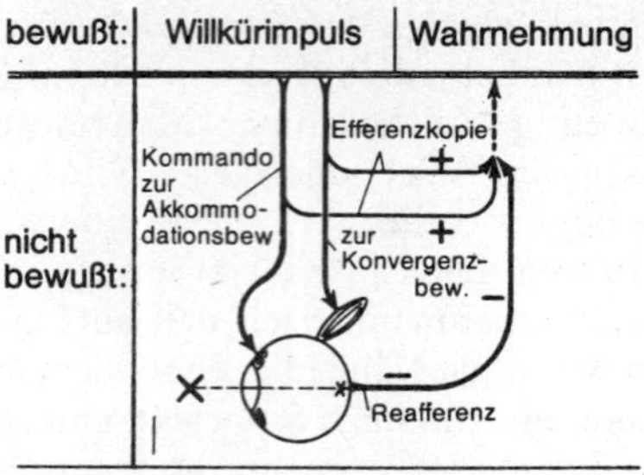


*Abb. 8*

groß wie jene der beiden Efferenzkopien zusammengenommen und ist überdies entgegengesetzt gerichtet. Treffen die drei genannten »Impulsströme« zusammen, so heben sie sich etwa zu null auf. Wenn also die Apparatur intakt ist, so erlebe ich, daß das sich nähernde Ding seine Größe etwa beibehält.

Es ist bemerkenswert, daß die Größe eines Sehdinges ein *ganz unmittelbarer* Wahrnehmungsakt ist. Es ist nicht notwendig, es zuerst in einer *bestimmten* Entfernung zu sehen. Denn in den geschilderten Versuchen mit konvergenten Blicklinien wird die Größe immer sehr genau wahrgenommen, während das Urteil über die Entfernung außerordentlich unsicher und schwankend ist; verständlicherweise, da ja hier zwei beteiligte Apparate (Konvergenz und Akkommodation) nicht normal zusammenarbeiten[3]. Die herrschende Lehre, wonach die Größe eines Dinges auf dem Umweg über eine geschätzte oder »vorgestellte« Entfernung erschlossen würde, ist also nicht haltbar. Der Apparat im niederen Zentrum, der meine Willkür- und Akkommodationsimpulse zur Berechnung der Größe gegen die Maße des Retinabildes setzt, verwendet zwar dazu Daten, die ebenfalls für die Entfernungsschätzung eine Rolle spielen, aber diese beiden unbewußten Rechenmanöver sind verschieden voneinander unabhängig; sie werden daher gewiß an verschiedenem Ort vollzogen.

Das Funktionsschema der Abb. 8 ist weiter nichts als die Beschreibung des vorgelegten Tatsachenzusammenhangs. Es macht aber neben der Größenkonstanz auch noch weitere Erscheinungen verständlich, von denen nur eine erwähnt sei. Wenn wir im halbdunklen Raum ein leuchtendes Kreuz eine

[3] Die Entfernungsberechnung geschieht nicht additiv, sondern offenbar nach dem Prinzip der »doppelten Sicherung«: Ein Datum hat das andere zu bestätigen; so entsteht hier ein unlösbarer Widerstreit.

Zeitlang fixieren, so bleibt sein Abbild auf der Retina, das dort »eingraviert« wird, als *Nachbild* einige Sekunden weiter bestehen. Wir können, mit diesem Nachbild auf dem Augenhintergrund, z. B. die entfernte Wand oder eine nahe Papierfläche betrachten; es wird immer dort erscheinen, wohin wir blicken. Aber das Kreuz hat völlig verschiedene Größe: Auf der fernen Wand ist es übergroß, auf dem Papier wird es, je näher wir es ans Auge führen, um so winziger. Auf den ersten Blick ist das verwunderlich, da ja doch das Abbild auf der Retina seine Größe unverändert beibehält. Im Hinblick auf unser Funktionsschema ist das Ergebnis aber zu fordern; denn: indem ich mit gleichbleibendem Retinabild in die Ferne oder Nähe blicke, erzeuge ich ja ein Willkürkommando, eine Efferenzkopie und dadurch eine Größenkorrektur, die unmittelbar als Wahrnehmung ins Bewußtsein tritt, da keine gegensinnige Afferenz den Vorgang auf seinem Wege auslöscht. Was also hier das gesehene Kreuz groß oder klein werden läßt, ist wiederum nichts anderes als eine aktive Leistung der Wahrnehmungsapparatur.

## VI.

Wir haben bis jetzt die so wichtige Größenkonstanz nur im Bereich des Greifraumes genauer ins Auge gefaßt, in dem Akkommodation und Konvergenz aus rein geometrischen Gründen eine bedeutende Rolle spielen. Je größer die Entfernung der Dinge vom Betrachter wird, desto weniger genau können diese beiden Apparate ihre Funktion erfüllen. In dem Raum aber, in den hinein wir uns bewegen und in dem die genannten Mechanismen schon an Bedeutung verlieren, erhalten dafür ganz andere aktive Korrekturleistungen erhöhtes Gewicht, die bemerkenswert genug sind, um sie genauer zu betrachten.

Wir gehen wieder von einer simplen Beobachtung aus. Ich stehe in der Mitte eines langen Korridors und wende mich zu einem Ende hin. Was ich wahrnehme, entspricht etwa der Skizze Abb. 9a. Nun drehe ich mich um 90° und blicke auf die vor mir liegende Seitenwand des Korridors, und meine Wahrnehmung vermittelt mir etwa das Bild von Abb. 9b. Weiter um 90° gewendet sehe ich in das andere Ende des Korridors hinab und habe das Bild Abb. 9c vor mir. Diese drei nebeneinander gestellten Skizzen geben uns ein Problem auf. Wir sehen nämlich, in welcher Richtung wir auch den Korridor entlang blicken,

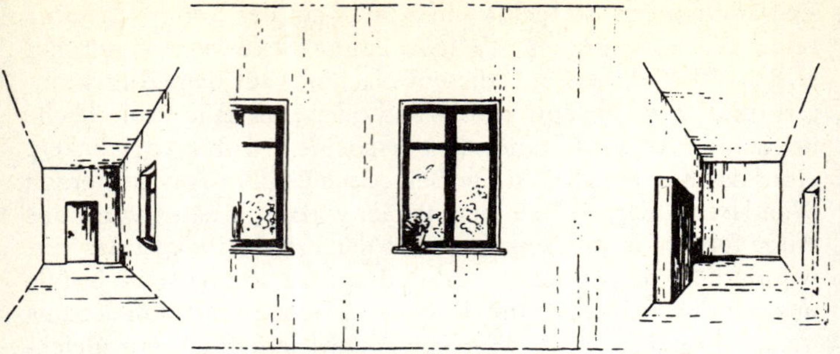

a b c

*Abb. 9*

seine Konturen, etwa die Kanten am Boden oder an der Decke, als *gerade* Linien in sehr *verschiedener* Richtung verlaufen, so daß sie, wollte man sie verbinden, entweder einen Knick oder eine Kurve bilden müßten. Wie kommt es, daß Knick oder Kurve von mir nicht wahrgenommen werden? Wenn man die beschriebene Wendebewegung um 180° langsam ausgeführt denkt und dabei das über die Retina[4] wandernde Bild zeichnerisch zu rekonstruieren sucht, so entsteht in der Tat die Skizze der Abb. 10, auf der die horizontal und gerade verlaufenden Linien des Raumes in bestimmter Weise gebogen erscheinen. Wie kommt es also, daß ich den Korridor nicht als ein solch gekrümmtes Ding

*Abb. 10*

wahrnehme, sondern ihn so sehe, wie er »wirklich« ist. Die Antwort auf diese Frage läßt sich nicht in einem Satz aussprechen, weil hier, so scheint mir, mehrere (mindestens 3) Korrekturmechanismen ganz verschiedener Art, die alle ohne mein bewußtes Zutun tätig sind, hilfreich zusammenarbeiten.

1. Zunächst ist zu bemerken, daß das sogenannte »perspektivische« Sehen in die Tiefe (Abb. 9a, c) bei uns offenbar nur *eine* Möglichkeit des Sehens ist, die wir, ohne es gewöhnlich zu bemerken, gelegentlich gegen die *andere* zutreffendere austauschen, von der bereits die Rede war. Wenn ich eine Allee entlang sehe in der Absicht, sie zu zeichnen, dann kann ich mir leicht die Fluchtlinien deutlich machen, wie sie sich etwa in der Skizze Abb. 9a finden. Aber, ungeachtet dieses Vermögens, bin ich mit Hilfe der schon besprochenen Mechanismen jederzeit in der Lage, die Höhe der einzelnen Alleebäume zutreffend zu sehen; und wenn ich unbefangen die Allee entlang wandere, so ist diese letztere meine vorwiegende Art des Anschauens. Sie ist auch die Betrachtungsweise der Kinder, die auf ihren Zeichnungen die nahen und die fernen Häuser und Menschen gewöhnlich gleich groß malen, nicht etwa, weil sie »wissen«, daß sie gleich groß sind, sondern weil sie sie gleich groß *sehen*. Erst später, bei der Gewöhnung an perspektivische Betrachtung und unter der ständigen Überflutung durch Photographien, gewinnt nach und nach die andere Betrachtungsweise an Gewicht, die auch vielen heutigen Malern geläufig ist, aber in der Malerei der vergangenen Jahrhunderte keineswegs vorgeherrscht hat[5]. Das perspektivische Sehen ist also gewiß phylogenetisch wie ontogenetisch eine Späterwerbung, und die Mechanismen der Größenkonstanz sind uralter Besitz der Sehtiere.

Nun zeigt aber eine nähere Prüfung, daß selbst bei einem gewöhnlichen perspektivischen Bild unsere Wahrnehmung bereits eine sehr bemerkenswerte Korrektur vollzieht, die man als »optische Täuschung« kennt. Wir wollen sie quantitativ etwas näher in Augenschein nehmen. Auf der Skizze (Abb. 11) eines Weges mit zwei am Boden liegenden Baumstämmen erscheint der vordere weit kürzer als der hintere; in mm gemessen sind sie auf der Zeichnung gleich lang. Wenn man eine Serie solcher Zeichnungen herstellt, in denen nur die Längenverhältnisse dieser beiden Stämme sich von Bild zu Bild um 1 bis 2% ändern,

[4] Genauer: über eine auf der Retina gedachte vertikale Linie.

[5] Sie kam erst auf im Zeitalter Lionardos, als die sogenannten »Gesetze der Perspektive« entdeckt wurden.

*Abb. 11*

und nun eine größere Zahl von Beobachtern fragt, wo sie die Stämme, mit dem Maßstab auf dem Papier nachgemessen, gleich lang erwarten würden, so ergibt sich dafür ein objektives Längenverhältnis von 1:0,85 (40 Versuchspersonen; mittlere Abweichung 0,051%). Man wird bei solchem Beispiel natürlich zunächst vermuten, daß diese sogenannte »Urteilstäuschung« auf Erfahrung, auf Lernen beruht; aber das ist nicht oder nur sehr beschränkt zutreffend, und zwar aus zweierlei Gründen: Man kann erstens das gleiche Bild zunächst unbefangenen Versuchspersonen auf den Kopf gestellt darbieten (es als Zeichnung eines histologischen Präparates oder dergleichen ausgebend). In diesem Fall werden die beiden Stäbchen oder Stämme nicht etwa in ihrer Länge übereinstimmend gesehen, sondern gleich lang erscheinen sie bei einem Längenverhältnis von 1:0,846! Die Einsicht in das, was die Skizze darstellen soll, hat also ersichtlich gar keinen Einfluß auf die Längenschätzung, sondern es handelt sich um eine allein durch gewisse Linienzüge gesetzmäßig hervorgerufene Wahrnehmungskorrektur. Es gibt nun, und dies ist das zweite Argument, eine sogenannte »geometrisch-optische Täuschung«, in der die entsprechenden Linienzüge gleichsam in Reinkultur, als Attrappe, dargestellt sind (Abb. 12). Das Ausmaß dieser »Täuschung«, an den gleichen

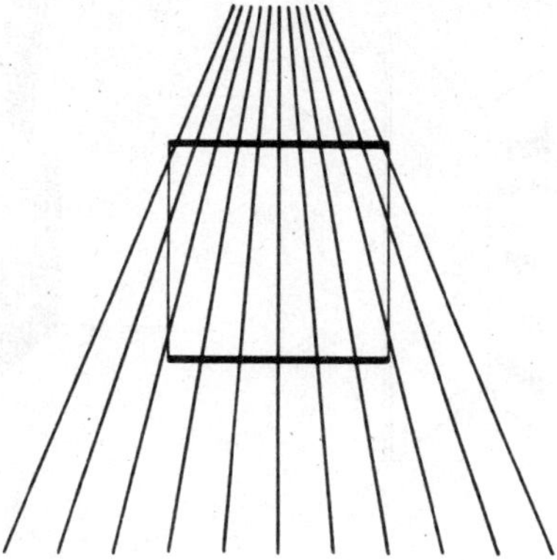

*Abb. 12*

Versuchspersonen quantitativ geprüft, ergibt, daß die Längenverhältnisse des unteren und des oberen Balkens des Quadrats (Abb. 12) 1 : 0,893 betragen müssen, wenn diese beiden als gleich lang wahrgenommen werden sollen (mittlere Abweichung 0,03 %)[6].

Ein zweites Beispiel: Abb. 13 zeigt ein Beil, dessen Schneide zum Betrachter gerichtet ist, und ein halbgeöffnetes, auf die Kante gestelltes Buch. Zu vergleichen sind hier die Längen der Schneidenkante und der inneren Buchkante. Die beiden werden gleich lang wahrgenommen, wenn ihr wirkliches Längenverhältnis 1 : 0,825 beträgt (40 Versuchspersonen, mittlere Abweichung 0,033 %). Auch diese Figur enthält in sich ein Linienschema, eine Attrappe, welche schon für sich allein die Wahrnehmung zu einer Größenkorrektur zwingt; es ist die bekannte geometrische optische »Täuschung« der Abb. 14. Hier müssen die beiden senkrechten Striche ein Längenverhältnis von 1 : 0,832 (mittlere Abweichung 0,043 %) besitzen, um gleichlang zu erscheinen.

Es zeigt sich also, als Fazit dieser Untersuchung: Auch eine

[6] Die hier vollzogene Korrektur ist also, und zwar statistisch sicher, geringer als bei den auf dem Wege liegenden Baumstämmen. So könnte man hier wohl an die Mitbeteiligung eines empirischen Moments denken, wenn nicht das Ergebnis der Bildumkehrung dagegen spräche. Wahrscheinlich aber kommt dieser Unterschied dadurch zustande, daß die Skizze der Abb. 11 plastischer, eindringlicher, ist.

*Abb. 13*

*Abb. 14*

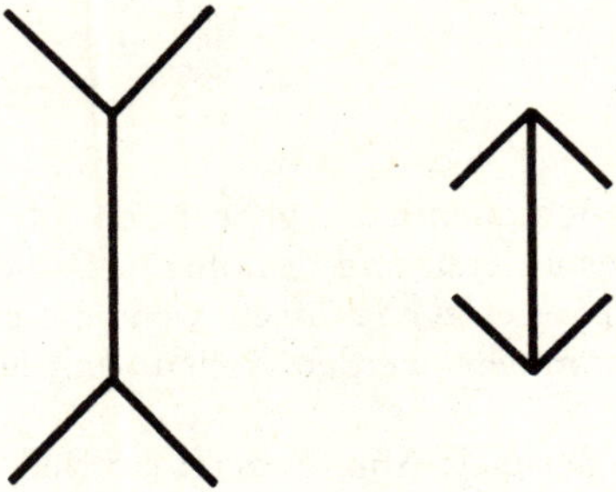

auf die Retina geworfene perspektivische Zeichnung *können* wir gar nicht in ihren objektiven Proportionen wahrnehmen, weil ein optischer Korrekturmechanismus diese Proportionen, für uns unbewußt, in bestimmter Weise, nämlich in Richtung auf Größenkonstanz, abändert[7] – obschon Konvergenz und Akkommodation unbeteiligt sind (und diesen Vorgang höchstens hemmen könnten!).

2. Einen zweiten, ganz anderen, Korrekturmechanismus macht folgender Versuch deutlich. Ich sitze in einem abgedunkelten Raum und betrachte einen kleinen Lichtpunkt, der geradeaus

[7] Dem Kenner von »Attrappen«-Versuchen an Tieren wird die hier vorgetragene Deutung verschiedener geometrisch-optischer »Täuschungen« sehr naheliegen; dem Autor ist sie seit längerem geläufig. Bei Durchsicht humanpsychologischer Literatur fand sie sich vertreten (wenigstens in Umrissen) bei O. Klemm (1919), der bei solchen Täuschungen von »perspektivischen Nebenvorstellungen« spricht, und neuerdings ausführlicher (ohne Bezugnahme auf Klemm und ohne quantitative Daten) bei R. Tausch (1954).

vor mir auf der Wand ruht. Gleichzeitig bewegt sich ein anderer Lichtpunkt auf horizontaler Linie in gleicher Höhe schwingend in langsamer Frequenz über die Wand hin und her. Ich sehe, indem ich den ruhenden Punkt fixiere, auch den schwingenden Punkt deutlich auf horizontaler Bahn nach rechts und links wandern. Nun werden beide Punkte um 2 oder 3 m nach oben verlegt, so daß ich bei gerade gestelltem Kopf mit aufwärts gewendeten Augen den dicht an der Decke liegenden Lichtpunkt fixiere, während der andere Punkt in derselben Höhe horizontal hin- und herschwingt. Auch jetzt nehme ich die Bewegungsbahn des schwingenden Punktes als Gerade wahr. Sobald aber der ruhende Lichtpunkt ausgelöscht wird, ich den hin- und herwandernden Punkt fixiere und seiner Bewegung mit den Augen folge, wandert er nicht mehr auf einer Geraden, sondern auf einem Kurvenbogen, ganz entsprechend der oberen Kante des Korridors in Abb. 10. Wandert der Lichtpunkt unterhalb meiner Augenhöhe, so kehrt sich der Bogen um, entsprechend der unteren Kante der Korridorwand in Abb. 10. Nur in Augenhöhe wandert er geradlinig. Diese eindrucksvolle Beobachtung zeigt, daß es einen Korrekturmechanismus geben muß, der die erwähnten, auf der Retina gekrümmt verlaufenden Linien der Abb. 10 zu Geraden »zu biegen« vermag; aber nur, solange das Auge selbst ruht und nicht gezwungen ist, sich gleichmäßig fortzubewegen.

Worin dieser Korrekturmechanismus besteht, das können wir jetzt noch nicht sagen. Doch fällt einem in diesem Zusammenhang ein: Unsere *natürliche* Augenbewegung geht ja *niemals* gleitend, fließend vor sich! Wir glauben zwar, daß unsere Augen über die Zeilen eines Buches, das wir lesen, oder über die Landschaft hinweg*gleiten*, aber dieses ist nur der Inhalt unserer Wahrnehmung. Die Augenbewegung selbst erfolgt dagegen in *Sprüngen*, in drei bis fünf Sprüngen über eine Buchzeile und in mehr oder weniger großen Sprüngen über die Landschaft. Zwischen diesen Sprüngen steht das Auge für einen »Augenblick« still – und nur während dieser Ruhe wird das Bild wirklich aufgenommen. Während der Sprünge (die auch überwiegend durch Lidschläge begleitet sind) findet offenbar keine Wahrnehmung statt. Das Auge *schreitet* also, es gleitet nicht. Und dieses Schreiten ist, wie wir jetzt einsehen, notwendig, damit die aus geometrischen Gründen auftretenden Verzerrungen auf der Retina entzerrt werden können. Wenn wir also in unserem Korridor stehen und den Blick von einem Ende zum anderen hinwenden, um schließlich ein objektiv zutreffendes Gesamtbild von diesem Korridor in der Wahrnehmung vorzufinden, so geschieht dies keineswegs durch bloße Aneinanderreihung oder »Verschmierung« auf der Retina erscheinender Teilbilder, sondern das Ganze ist ein *höherer Integrationsakt*, zu dem die bloße Reizaufnahme nur das sehr verbesserungsbedürftige Rohmaterial liefert.

3. Es gibt nun, wie mir scheint, noch einen dritten, wiederum völlig anderen Mechanismus, der in diesem Zusammenhang von Bedeutung ist: die in der Physiologie wohlbekannte »*Listingsche Augenrollung*«. Solange ich geradeaus nach vorn schaue, wird, wenn mein Blick nach rechts und links wandert, das Auge einfach um eine senkrechte Achse gewendet. Ist das Auge aber beispielsweise schräg nach oben gerichtet und folgt der Linie der oberen Zimmerkante, dann dreht es sich nicht mehr um eine lotrechte Achse, sondern um eine Achse, die gegen die Lotrechte um den gleichen Winkel rückwärts geneigt ist, um den der Blick von der Horizontalen nach oben abweicht. Das bedeutet aber: Das Auge rollt; und zwar rollt es so, daß es der perspektivischen Fluchtlinie der oberen Zimmerkante, wie sie die Abb. 10 zeigt, ungefähr folgt, so daß bei Wendung des Auges nach rechts oder nach links das jeweils abgebildete Stück der Zimmerkante ungefähr auf die *gleiche* Netzhautpartie zu liegen kommt und somit auf ihr nicht die Richtungsänderung erleidet wie die Linie der Abb. 10 auf dem Papier. Wir können folglich sagen: Das Auge schreitet über die Landschaft, so bewegt, daß (wenigstens in der Region der Blicklinie) objektive Geraden, über die der Blick hinwegführt, nicht durch Knicke unterbrochen werden. Es ist also wiederum ein neuer Typ aktiver Korrektur, die das Nervensystem schon in den Akt der Blickbewegung selbst vorverlegt hat; natürlich auch ein angeborener, kein erlernter Mechanismus[8].

Wir sind nun schon mitten in der Diskussion eines weiteren Konstanzphänomens, der *Formkonstanz*. Doch deren Funktionsprinzipien sind noch so wenig klar, daß sie hier nicht näher erörtert werden sollen.

[8] Daß auch bei der »Vertikalkonstanz« ein ganz ähnlicher motorischer Vorgang – die »kompensatorische Augenrollung« – in einem (allerdings geringen) Maße am Konstanzerfolg mitbeteiligt ist, wurde im Abschnitt III. aus Gründen der vereinfachten Darstellung unterschlagen.

VII.

Das Gesagte hat hoffentlich deutlich gemacht, daß der Organismus als wahrnehmendes Subjekt sich nicht passiv den physikalischen Einflüssen seiner Umgebung hingibt. Nur die Sinnesorgane selbst sind dem Zustrom physikalischen Geschehens passiv ausgesetzt; doch auf dem Wege zur Wahrnehmung tritt ein Prozeß der *Vergegenständlichung* in Kraft. Teils werden Afferenzen aus verschiedenen Sinnesorganen gegeneinander ausgespielt, teils wird die spezielle Reizkonfiguration für die Objektivierung verwertet; und vielfach, wo am Wahrnehmungsakt eine motorische Bewegung beteiligt ist, erzeugt der mit dieser Bewegung einhergehende zentralnervöse Prozeß (oder die Bewegung selbst) die lebenswichtige Korrektur. So wird uns deutlich, wie völlig anders die wahrgenommene Wirklichkeit beschaffen ist als die Wirklichkeit, mit der der Physiker es zu tun hat, der registriert, was von außen ins Sinnesorgan gelangt; sie ist, kurz gesagt, viel *richtiger*[9]!

Das gilt nun auch – und es ist allgemein bekannt – für die Wahrnehmung der Farben. Denn es gibt auch eine *Farbenkonstanz*, eine Fähigkeit, die Farben »richtig« zu sehen, unabhängig von den Nebenumständen der jeweiligen Beleuchtung. Diese Fähigkeit ist nicht sehr vollkommen, aber sie reicht doch hin für das Dasein; und der Versuch erscheint reizvoll, die verschiedenen Besonderheiten im Organismus, welche im Dienste dieser Konstanzleistung stehen, zu einem Funktionssystem zusammenzufassen. Ein solcher Versuch (der freilich unter der Tatsache leidet, daß hier keine farbigen Illustrationen geboten werden können) sei im folgenden unternommen – auf die Gefahr hin, daß der Leser ihn für eine müßige Gedankenspielerei hält.

Es gibt eine ganze Reihe von Erscheinungen in der Farbwahrnehmung, worin sich unser Farb*sehen* unterscheidet von der Physik des Lichts verschiedener Wellenlängen. Da ist zunächst die Tatsache, daß für uns die Farben zu einem *Kreis* zusammengeschlossen sind: von Rot, das dem langwelligsten sichtbaren Licht des Physikers entspricht, geht es über Orange, Gelb,

[9] Es ist vielleicht nicht überflüssig, zu sagen, daß diese ganze Betrachtung nicht etwa im Sinne eines »naiven Realismus« ausgelegt werden darf, demzufolge die Außenwelt gerade so beschaffen sei, wie wir sie wahrnehmen. Das ist deshalb nicht möglich, weil wir uns hier allein im Kreise des Wahrnehmbaren bewegen und auch die Konstanzleistungen nur darauf hinzielen, die verschiedenen Möglichkeiten äußerer Erfahrung auf eine gleichbleibende objektive Welt hin interpretierbar zu machen – ohne daß irgend etwas darüber ausgesagt wird, wie diese Welt, unabhängig vom wahrnehmenden Subjekt, etwa beschaffen sein könnte.

Gelb-Grün, Grün, Grün-Blau, Blau, Blau-Violett, Violett, Purpurrot wieder zum Rot zurück. Violett ist für den Physiker das kurzwelligste uns sichtbare Licht; die Farbe Purpur gibt es in der Physik nicht, sie entsteht in der Wahrnehmung, wenn sehr kurzwelliges und sehr langwelliges Licht zugleich geboten werden. Für den Physiker ist das Licht entlang einer Skala geordnet, in der, ähnlich wie in der Tonskala, die längsten und kürzesten Frequenzen am weitesten voneinander entfernt sind. Eine weitere Eigenschaft unserer Farbwahrnehmung ist die Existenz einer farblosen, gleichsam indifferenten Farbe, des *Weiß*, das dann auftritt, wenn uns Licht in dem spektralen Mischungsverhältnis trifft, wie es die Sonne zufälligerweise aussendet. Der Farbkreis, die Farbe Purpurrot und das Weiß erscheinen erst dann so kurios, wie sie es in der Tat sind, wenn wir an die Tonwahrnehmung denken und uns vorzustellen versuchen, wie die erlebte Tonwelt beschaffen wäre, wenn die tiefsten Töne durch Übergangsformen in die höchsten einmündeten und wenn es, dem Weiß entsprechend, einen reinen Ton gäbe ohne Tonhöhe.

Dazu kommen nun weitere Eigentümlichkeiten der Farbwahrnehmung: Je zwei Farben erscheinen zu Paaren geordnet dergestalt, daß sie, gemeinsam in bestimmtem Intensitätsverhältnis geboten, sich zu Weiß addieren oder »auslöschen«: die sogenannten Komplementär- oder *Gegenfarben*; etwa ein bestimmtes Rot und ein bestimmtes Grün oder ein gewisses Blau und ein Gelb usw. Ferner die Erscheinung des farbigen *Kontrastes*, die darin besteht, daß in der Umgebung eines farbigen Fleckes die Gegenfarbe sichtbar wird. Dann das Abblassen einer Farbe, die das ganze Blickfeld oder einen überwiegenden Teil des Blickfeldes ausfüllt; und schließlich, damit zusammenhängend, das farbige *Nachbild*; also die Tatsache, daß nach längerer Betrachtung eines grünen Bildes die anschließend betrachtete, z. B. weiße, Fläche rot aussieht.

Alle diese Eigentümlichkeiten stehen in *einem* Zusammenhang, wenn man von der Vorstellung ausgeht, daß der Apparatur unserer Farbwahrnehmung die Aufgabe gestellt ist, das Problem der *Farbenkonstanz* zu lösen, also dafür zu sorgen, daß wir die Farben der Gegenstände erkennen können, unabhängig davon, welche Farbe das Licht besitzt, das sie bestrahlt und von ihnen reflektiert wird.

Es leuchtet ein, daß diese Aufgabe nicht leicht zu lösen ist, aber die Organismen hatten ja viele Jahrmillionen Zeit dazu. Wir wollen uns statt ihrer einen Ingenieur denken, dem wir die gleiche Aufgabe übertragen. Dieser Mann muß also an dem Licht, das die Gegenstände abstrahlen, Korrekturen vollziehen mit dem Ziel, die durch etwaige farbige Beleuchtung auftretenden Änderungen zu annullieren oder zu kompensieren. Dazu bedarf es zunächst einer brauchbaren Arbeitshypothese für die Feststellung, welches gerade die Farbe der Beleuchtung sei, da man ja nicht immer nach der Lichtquelle wird auf die Suche gehen wollen. Die nächstliegende Arbeitshypothese lautet: Je mehr eine bestimmte Farbe im Blickfeld vorherrscht, desto wahrscheinlicher ist es, daß dieses die Farbe des Lichtes ist; denn es ist unwahrscheinlich, daß vielen verschiedenen Dingen die gleiche Farbe zukommt. Es gilt also, eine Konstruktion zu finden, die zur Beseitigung einer im Blickfeld vorwiegenden Farbe führt, und zwar um so entschiedener, je mehr sie vorherrscht. Doch darf dabei das Sehen der Dinge selbst nicht gestört sein, es darf also nicht an die Stelle der unerwünschten Farbe einfach Nichts, Dunkelheit, treten; denn dann wäre der zu bekämpfende Schaden durch einen noch größeren ersetzt. Nur die Farbe selbst soll verschwinden, die Gegenstände sollen sichtbar bleiben. Diese Aufgabe ist offenbar nur lösbar, wenn man erstens eine eigene Farbe *erfindet*, die keinen Farbwert besitzt (das Weiß), zweitens zu jeder Farbe eine andere ganz willkürlich als auslöschende Gegenfarbe dazuordnet und drittens der Apparatur die Möglichkeit gibt, diese Gegenfarbe aktiv zu erzeugen und so die unerwünschte Farbe zu annullieren. Die Frage, welches die sogenannte weiße, neutrale Farbe sein soll und welche Farbe sich mit einer Gegenfarbe zu Weiß ergänzen soll, bleibt willkürlicher Eichung vorbehalten. Am einfachsten wäre es, als »Weiß« das Farbgemisch zu setzen, welches die Lichtquelle gewöhnlich ausstrahlt, also dem Sonnenlicht das Prädikat »weiß« zuzuteilen; denn dann würde der Korrigiermechanismus am wenigsten in Anspruch genommen. Die Frage, welche zwei Farbpaare Gegenfarben sein sollen, ließe sich verschieden lösen: Man könnte das längstwellige Licht gegen das kürzestwellige setzen, das etwas weniger langwellige gegen das etwas weniger kurzwellige usw., dann aber würden in der Mitte des Wellenbereichs Schwierigkeiten entstehen, die zu überwinden es komplizierter Hilfsmechanismen bedürfte. Oder aber: Das längstwellige Licht wird gegen eine Farbe des mittleren Wellenbereichs gesetzt, das etwas weniger langwellige gegen das dem mittleren benachbarte kürzerwellige usw. Auch hier treten natürlich Schwierigkeiten auf, sobald man ans Ende des

Spektrums kommt. Diese Schwierigkeiten sind so oder so nicht zu vermeiden – es sei denn, man schlösse die Skala der Farben zu einem *Kreise* so zusammen, daß die durch kurzwelliges und langwelliges Licht ausgelösten miteinander verbunden werden. Wenn das gelingt, hat man eine Figur, in der zu jedem Punkt ein Antipode bestimmt werden kann, ohne daß es irgendwo »klemmt«.

Sind die Komplementärfarben durch einen Eichvorgang festgelegt, so gilt es noch, die Geschwindigkeit dieses Prozesses der Gegenfarbenerzeugung und seine räumliche Begrenzung festzulegen. Die Auslöschung einer das Blickfeld beherrschenden Farbe sollte nicht sofort erfolgen, denn das würde die Konstatierung etwa des Himmelsblau oder einer großen grünen Wiese, auf die der Blick für einen Augenblick fällt, unmöglich machen. Da ja das rote Abendlicht nur langsam in Erscheinung tritt oder, wenn der Weg durch Walddickicht geht, die Beleuchtung durch das grüne Blätterdach auch erst von Schritt zu Schritt sich ändert, wird man den Vorgang träge ablaufen lassen können. Und da er also langsam in Gang kommt, wird er auch langsam ausklingen. Das bedeutet ein Nachhinken der selbsterzeugten Gegenfarbe, eine unvermeidliche, aber unbedeutende Störung (das farbige Nachbild), die in Kauf zu nehmen ist. Auch in der räumlichen Begrenzung des Effekts ist jede scharfe Konturierung zu vermeiden, da es ja nicht darum geht, einen örtlichen Farbfleck zu neutralisieren, sondern eine allgemeine Umstimmung der Farbwerte in Richtung auf den Zustand bei weißem Tageslicht zu erzielen. Diese allgemeine diffuse Reaktion wird ohnehin durch die steten Augenbewegungen begünstigt; und ihre unbedeutende Nebenwirkung, der farbige Kontrast, kann ebenfalls hingenommen werden, denn er verundeutlicht die Dinge nicht[10].

Wie der Techniker diese Konstruktion im einzelnen ausführen wird, braucht uns hier nicht zu interessieren. (Auch sei zugegeben, daß diese Lösung nicht die einzige überhaupt denkbare darstellt.) Die Natur ist aber in der Tat genau diesen Weg gegangen: Farbkreis, purpur und weiß, Gegenfarben, Nachbild und Kontrast sind Eigenschaften unserer Wahrnehmungsapparatur. Und der Reiz dieser Betrachtungsweise besteht weniger darin, daß sie zwingend ist, als vielmehr darin, daß sie so vielerlei

[10] Die verbreitete Anschauung, der farbige Kontrast erhöhe die Deutlichkeit der Sehdinge, ist allerdings wohl nicht zutreffend; sie vergißt, daß die Sättigung der Dingfarbe im gleichen Maße abnimmt, in dem in ihrer Umgebung die Gegenfarbe erscheint, denn beides beruht ja auf ein und demselben Vorgang.

in *einen* Blickwinkel rückt. Die entscheidende Leistung: die *aktive Erzeugung* der Gegenfarbe, wird jedermann deutlich, der etwa in ein Zimmer tritt, das von einer roten Lampe beleuchtet ist, wo ihm zunächst alles rötlich erscheint, bis nach einiger Zeit die einzelnen Dinge wieder etwa so aussehen wie bei Tageslicht. Wird nun die rote Lampe durch eine weiße ersetzt, so sehen wir sogleich alles in der grünen Farbe erstrahlen, mit der *wir* die Sehwelt – unbewußt – angemalt haben, um die Wirkung der roten Lichtquelle auszulöschen.

## VIII.

Die in diesem Aufsatz angewendete Art, zu fragen und zu erklären, ist nicht die in Physiologie und Psychologie allgemein übliche. Wenn es uns gelingt, Erscheinungen in einem Systemzusammenhang plausibel zu machen – und in einzelnen Fällen dem System eine bestimmte Form zu geben, so daß es verifizierbare Voraussagen gestattet –, so bleibt doch für die Einzelanalyse der wirksamen Faktoren noch alles zu tun übrig. Zwar kann eine solche detaillierte Kausalanalyse unsere Systembetrachtung nicht etwa ersetzen, aber sie liefert das Fleisch, welches das gedankliche Gerippe ausfüllt, um das allein wir uns hier bemüht haben.

Doch sei zum Schluß gesagt, daß es nicht mein Hauptanliegen war, dieses Denken in dynamischen Funktionssystemen zu demonstrieren. Mein eigentliches Ziel lag woanders:

Die Wissenschaft vom Verhalten der Lebewesen hat sich ja noch immer nicht von den alten Fesseln vermeintlicher (physikalischer) Exaktheit ganz gelöst, die ihr das Dogma auferlegen, das Tun der Organismen sei allein außenreizbedingt, »reflektorisch«; die Annahme eigener aktiver Kräfte sei verkappter Vitalismus und darum einem ernsten Forscher untersagt. Angesichts solchen Aberglaubens erscheint es mir besonders reizvoll, zu zeigen, daß nicht etwa nur im Handeln, sondern sogar schon im *scheinbar passiven* Aufnehmen der Umwelt, *aktive*, *spontane Leistungen* enthalten sind, *ohne die der Organismus überhaupt nicht fähig wäre, auch nur sinnvoll zu* »re«-agieren! Diese Leistungen sind uraltes Erbgut. Bei den Tieren müssen wir sie aus der Analyse des Verhaltens erschließen; bei uns selbst können wir ihrer, zu einem Teil wenigstens, unmittelbar ansichtig werden. Die Wahrnehmung selbst überzeugt uns davon, daß in uns ständig Kräfte am

Werk sind, die das Gesehene hierhin und dorthin rücken, es größer oder kleiner machen, Proportionen ändern, Linien verbiegen und die Welt mit bunten Farben bemalen. Solchen aktiven Kräften danken wir es, daß wir nicht auf »Reize« ansprechen, sondern daß wir *Dinge* sehen und in anderer Situation wiedererkennen können.

## Vom Wirkungsgefüge der Triebe
Mit Ursula von Saint Paul
(1960)

*Dem Andenken unseres besten Freundes Gustav Kramer, verunglückt am 19. April 1959*

### Einleitung: Das Lokalisationsproblem

Der Menschengeist will seine Umwelt ordnen. Jedes Ding, das sich nach Zweckbestimmung, Funktionsweise und Aussehen von anderen unterscheidet, erhält seinen Ort und Namen. Solche Denkart bewährt sich auch beim Studium der Lebensvorgänge, die ja gleichfalls in Organen ablaufen, die verschieden sind in Leistung, Arbeitsweise, Aussehen und Lage. Nur beim Zentralnervensystem (ZNS) versagt solch anthropomorpher Ordnungswille. Die Leistungen dieses Gebildes sind höchst mannigfaltig. Wir nennen einige: Festhalten eines bestimmten Temperaturwertes als Bezugsgröße für Wärmeregelung; Reflexbewegungen zum Schutz gegen äußere Beschädigung; Konservierung eines Extraktes aus vergangenen Sinnesdaten zu späterer Verwertung; Betreiben verschiedener Suchaktionen entsprechend den wechselnden Leibesbedürfnissen; Anpassung des Sehaktes an verschiedene Helligkeiten zur Sicherung guter Objektwahrnehmung; »Herausfiltern« bestimmter Reizmerkmale der Außenwelt, an die sich zugehörige Triebhandlungen anknüpfen. Würde das Innere eines Körperteiles, der so vielerlei vermag, erst heute zugänglich, so sollte man darin eine große Zahl verschiedener Organe erwarten. Das Gegenteil liegt beim ZNS bekanntlich – leider – vor: nirgends erkennbare Organgrenzen, überall fast gleiche Bauelemente in unübersehbarer Zahl, die Neuronen.

Dieser morphologische Tatbestand hat immer von neuem dazu verführt, nach »dem« Funktionsprinzip des ZNS zu suchen. Und dieses Organsystem, dank der Mannigfaltigkeit seiner Vermögen, ist fähig, auf vielerlei experimentelle Suggestivfragen mit konziliantem »ja« zu antworten – sogar auf solche, die sich ausschließen. So entstanden die Extremformen der Reflexlehre, der Lehre vom »bedingten« Reflex, die These vom Erlerntsein allen Tuns, die Zentren- und die Plastizitätslehre als monistische Übertreibungen von Teilwahrheiten.

Vielen Untersuchern, heute wie ehedem, gilt als wichtigste Frage die nach dem Unterbringungsort einer Leistung, das *Lokalisationsproblem*. Die *Zentrenlehre* findet reiches Beweismaterial für anthropomorphe Ordnung: Ausfall bestimmter Leistungen bei örtlicher Zerstörung beweise Gliederung in Zentren mit zu- und fortleitenden Bahnen. Die *Plastizitätslehre* häuft Beispiele für das Gegenteil: Unauffindbarkeit eines Ortes, etwa für das Gedächtnis oder die Bewegungskoordination. Die Zentrenlehre argumentiert weiter: wenn örtliche elektrische Reizung bestimmte Reaktionen wachruft, so seien hier Zentren auch »funktionell« definierbar. Ihre Gegnerin erwidert, daß dann afferente oder intrazentrale Nervenbahnen dort, wo die Reizelektrode sie gerade trifft, groteskerweise zu »Zentren« würden; denn solche Bahnen setzen am leichtesten Aktionen in Gang. Langsam nur führt diese Reibung der Argumente zum Verzicht auf das anthropomorphe Ordnungsschema. Man bedenkt, daß es ökonomisch sein könnte, Neuronen, die der gleichen Leistung dienen, in weitem Bereich zu verteilen und mit solchen für andere Leistungen zu durchsetzen – dann nämlich, wenn Querbeziehungen zwischen diesen Leistungen bestehen sollen.

Der konsequenteste Versuch, das Lokalisationsproblem für eine Hirnregion zu klären, stammt von W. R. Hess (1954), der vom Zwischenhirn der Katze durch Reizung mit versenkten Elektroden und Markierung der Reizorte durch Elektrokoagulation in langen Jahren einen histologischen Hirnatlas mit vielen Reizorten für zahlreiche Reaktionen schuf. Das Ergebnis bringt keine Entscheidung zugunsten einer der beiden Lehren: Viele Reaktionen sind aus weiten Bereichen aktivierbar, jedoch immer von spezifischen Orten, zwischen denen Orte für andere Reaktionen liegen. Doch gibt es Hirngegenden für nur wenige, untereinander immerhin funktionsverwandte Leistungen.

## Programm und Methode

Eigene Erfahrungen über die innere Dynamik des ZNS (v. Holst 1939 c, 1950 b) und tastende Versuche mit einer von Hess hergeleiteten Reizmethode haben uns auf einen anderen methodischen Weg geführt. Sie bestätigten einen jahrzehntealten

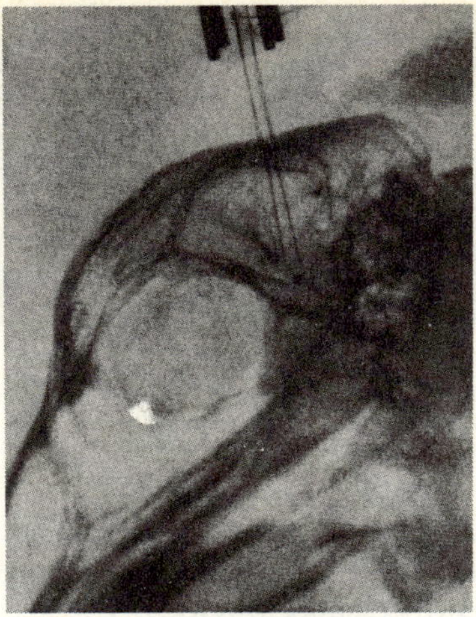

*Abb. 1 Röntgenbild eines Hühnerkopfes von der Seite mit zwei differenten, im Hirnstamm endigenden Elektroden. Das dunkle kleine Quadrat nahe den Drahtenden und das Dreieck rechts darüber markieren die Gehörgänge, das obere Rechteck das Ende des (unsichtbaren) Elektrodenhalters aus Plexiglas. Wichtigere Reizfelder wurden durch solche Bilder (aus zwei Blickrichtungen) ganz grob lokalisiert.*

Verdacht: daß die Untersuchung der physiologischen Fragen »wie?«, »warum?« meist viel zu früh in die morphologische Frage »wo?« abgleitet (v. Holst 1935 g). Denn dadurch werden dem Histologen Probleme aufgebürdet, die nur der Physiologe lösen kann, indem er weiter in die zentrale Dynamik vordringt. Darum haben wir zwei getrennte Arbeitsgruppen gebildet, von denen eine nur die zentrale funktionelle Organisation, das *Wirkungsgefüge*[1], die andere[2] die histologische Struktur studiert. Erst wenn der physiologische Weg an unübersteigbare Hindernisse gelangt, soll versucht werden, das Wirkungsgefüge auf das histologische Gefüge »abzubilden«.

Unser Objekt ist das Haushuhn mit seinem Reichtum an Gebärden und Lauten, seinen drastischen Geschlechtsunterschieden und seiner sozialen Struktur. Zur Methode genüge die

[1] Der Ausdruck »Wirkungsgefüge« wurde von H. Mittelstaedt (1954) vorgeschlagen; wir sprachen früher von »Funktionsstruktur« (v. Holst 1939b).
[2] Unter Leitung von W. Hirschberger.

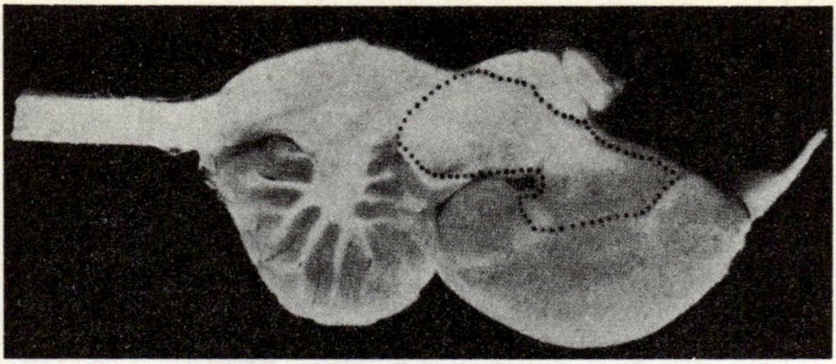

*Abb. 2 Hühnergehirn im Längsschnitt; die geprüften Reizfelder liegen im umgrenzten Stammhirnbereich.*

Bemerkung, daß isolierte Silberdrähte von 0,2 mm Durchmesser und 0,3 bis 0,5 mm langer blanker Spitze durch eine im Schädel fest verankerte kleine Schraubvorrichtung in meßbaren Schritten in das Hirn geschoben werden. Von den vier (manchmal acht) Elektroden werden je einige als indifferente im »stummen« Hirndach gelassen, während die differenten wirksame Reizfelder in der Tiefe suchen (Abb. 1); wie groß und von welcher Form diese Felder sein mögen, ist nicht zu bestimmen, denn das ZNS ist ein *nicht*-homogener »Volumenleiter«. Auch ist es keineswegs ausgemacht, daß die erregten Strukturen immer in nächster Nähe der Elektrodenspitze liegen müssen; denn wenn man z. B. durch Elektrokoagulation den Umkreis einer Elektrode von 0,3 bis 0,5 mm Durchmesser zerstört, so kann danach bei erneutem Reiz die vorherige Reaktion noch vorhanden sein.

Die intakten und unbehelligten Tiere – die durch Jahre immer wieder, ohne jede Schädigung, verwendet werden können – bewegen sich frei auf einem Tisch[3]. Aus dem in Abb. 2 umgrenzten Bereich des Stammhirns lassen sich dabei nahezu alle bekannten Bewegungen, die der Orientierung und den Körperbedürfnissen dienen, die sich auf Feinde, Rivalen, Geschlechtspartner und Nachkommen beziehen, mit allen zugehörigen Lauten aktivieren[4].

[3] Ein Verfahren drahtloser Fernreizung wurde ebenfalls entwickelt (v. Holst/Jeschorek 1956); darauf wird hier nicht eingegangen.

[4] Ein Film über die Methode und mehrere Filme über die meisten der ausgelösten Reaktionen sowie über verschiedene später besprochene Experimente werden aus dem Institut für den wissenschaftlichen Film in Göttingen publiziert.

Abb. 3 zeigt an Beispielen, wie bei sinusförmigem Wechselstrom die Schwellenspannung, bei welcher die Reaktion einsetzt, von der Frequenz abhängt. Die Schwelle hat ein Minimum bei 50 bis 100 Hz und steigt mit sinkender Frequenz steil, mit steigender Frequenz flach an. Man könnte also bei konstanter hoher Reizspannung, von 0 Hz aufsteigend oder von 2000 Hz absteigend, die Schwelle in Hz messen oder aber – und so gingen wir vor – bei konstanter Frequenz (50 Hz) den Schwellenwert als Spannung in Volt angeben.

Verfolgen wir mit solcher Schwellenmessung den Weg einer differenten Elektrode, die in kleinen Schritten irgendwo im Stammhirn abwärts vorrückt! Man sollte erwarten, daß beim Vorbeiwandern an einer begrenzten erregbaren Struktur der Schwellenwert zuerst hoch, bei nächster Annäherung tief und dann wieder hoch wird. Das ist in der Tat häufig der Fall; Abb. 4 und 5 geben Beispiele. In vielen anderen Fällen ist die Schwellenkurve unregelmäßig und bis über mehrere Millimeter ausgedehnt (Abb. 4 unten, ● □, was vielleicht bedeutet, daß die Elektrode einem Faserzug parallel wandert. Steigert man die Reizspannung, so treten meistens andere Reaktionen zu (oder an die Stelle) der ersten (Abb. 4 unten); auch das ist verstehbar, da jetzt neue Strukturen in den Reizbereich geraten.

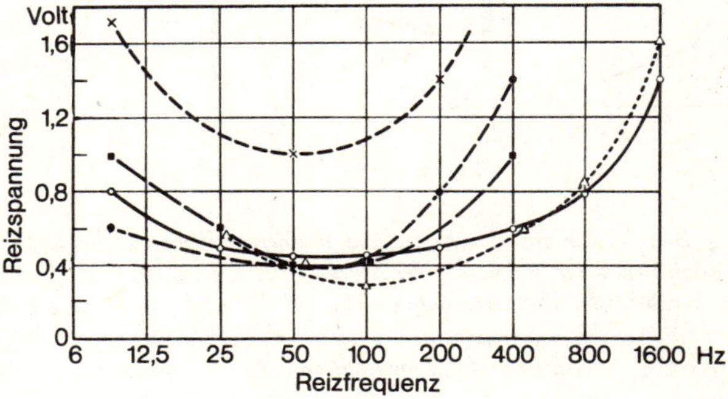


*Abb. 3 Beispiele für die Abhängigkeit der nötigen Reizspannung (Schwellenspannung) von der Reizfrequenz ( ~ Wechselstrom; Reaktionen:* × *und* △ *Gackern,* ● *Aufmerken mit ruckweisen Kopfbewegungen nach allen Richtungen,* ○ *Zum Futter-Locken,* ■ *Sichern mit gestrecktem Hals und unbewegtem Kopf).*

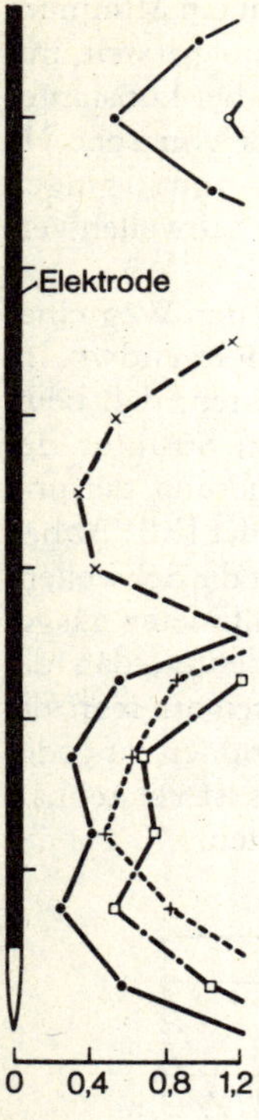


*Abb. 4*

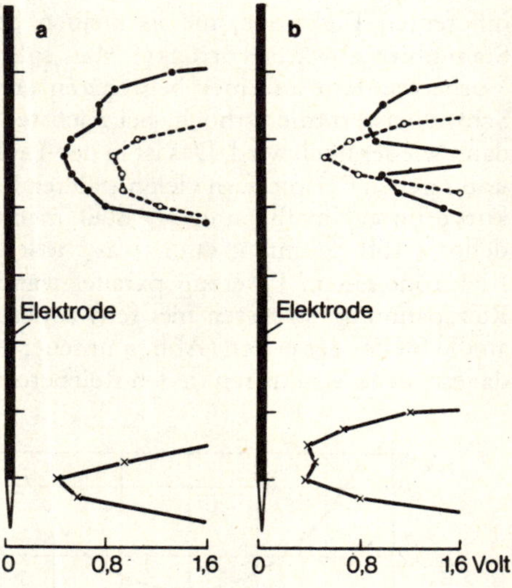


*Abb. 5*

*Abb. 4 Beispiel für das Erscheinen und Wiederverschwinden von Reaktionen beim Vorschieben der Elektrode im Stammhirn. Die Querstriche bezeichnen Millimeterabstände. Der horizontale Abstand der Meßpunkte von der Elektrode gibt die Schwellenspannung an (s. unteren Maßstab). Die Reaktionen sind:* ● *Aufmerken,* × *Sichern,* + *Kopfschütteln,* ○ *Linkswendung,* □ *Rechtswendung.*

*Abb. 5 Ein anderes Beispiel für das Auftreten von verschiedenen Verhaltensweisen beim Tieferwandern der Elektrode; Einzelheiten wie in Abb. 4.* ● *Aufmerken,* ○ *Drehen nach links,* × *Flucht abwärts; in a ist die Elektrode abwärts, in b etwa 30 min später den gleichen Weg hinauf geführt worden.*

Weniger einleuchtend ist der häufige Tatbestand, daß die gleiche Reaktion aus verschiedenen Reizfeldern zu erhalten ist; in der Region dazwischen werden andere Verhaltensweisen wachgerufen (Abb. 4, ●. Dieses aus der Literatur wohlbekannte Faktum ist für den Histologen schwer deutbar; wir werden aber eine physiologische Erklärung dafür finden. Völlig ein Rätsel für den Histologen ist schließlich das häufige Phänomen, daß der gleiche Weg der Elektrode, ein zweites Mal durchschritten, oft selbst bei gleichen Reizgrößen anderes Verhalten aktiviert. Abb. 5 gibt dafür ein noch ziemlich harmloses Beispiel, wo an einem Ort Sich-Drehen an die Stelle von Aufmerken tritt. Läßt man die Elektroden fest an ihrem Ort und dehnt den Versuch über viele Stunden aus, so kommt es nicht selten vor, daß zeitweise nichts, dann ein paarmal etwa Davonlaufen, später Gackern, danach Gefiedersträuben, schließlich vielleicht Sich-Putzen ausgelöst wird; alles vom gleichen Feld bei gleicher Reizspannung. Auch dieses Ärgernis für den Lokalisierbeflissenen folgt aus Regeln des Wirkungsgefüges, die wir kennenlernen werden.

## Exaktheit der Methode; die Kompensationsformel; Meßbarkeit sichtbarer und unsichtbarer Phänomene

Das Handeln eines höheren Organismus ist Ergebnis eines verwickelten Spiels qualitativer und quantitativer Daten; ist die Methode überhaupt präzise genug für ihre Aufgabe, diese Daten zu messen? Die zuletzt erwähnten Fakten stimmen skeptisch.

Quantifizieren ließe sich vielerlei: die benötigte Schwellenspannung, die Latenz, mit der die Reaktion auf den Reizbeginn folgt, die Reaktionsintensität (also Geschwindigkeit, Bewegungsweite oder auch Lautstärke), bei Rhythmen die Frequenz und schließlich die Dauer der Reaktion – wobei immer Voraussetzung ist, daß die *Qualität* des Verhaltens in der Meßreihe *gleich* bleibt.

Überzeugen wir uns an Beispielen vom Regelmaß der Erscheinungen. Für Bewegungen mit deutlich markiertem Beginn ist die *Latenz* eine gute Meßgröße, deren Beziehung zur *Reizspannung* Abb. 6 am Beispiel des Luftwarnlauts zeigt. Hier, wie in anderen Fällen, liegen die Werte – ceteris paribus – auf einer hyperbelähnlichen Kurve; steigt die Spannung, so sinkt die erforderliche Reizdauer. Das Produkt dieser zwei Größen wäre bei einer Hyperbel konstant; hier aber ist es erst über einen weiten Bereich konstant, wenn wir einen bestimmten Betrag – etwa zwei Drittel der niedrigsten noch wirksamen Schwellenspannung, der »Rheobase« – zuvor abziehen, wie Abb. 7 für drei solche Versuche zeigt. Nur bei sehr hohen Reizspannungen, am linken Kurvenende, gibt es einen Knick nach unten; hier also wird jenes Produkt kleiner, d. h. die Reizausnutzung besser.

Es scheint, als liege hier eine allgemeinere Gesetzmäßigkeit vor; doch ist sie mit der Latenzmethode dort nicht genau zu prüfen, wo ein Verhalten allmählich beginnt, wie etwa das Hinsetzen oder das Seitlichwenden des Kopfes. Hier hilft nun ein methodischer Kniff: Die vom Stammhirn aktivierten Verhaltensweisen laufen glatt weiter, wenn der Reizstrom rhythmisch (zwischen 4 und 10 Hz) unterbrochen wird. Man kann nun (bei konstanter Unterbrechungsfrequenz) die Reiz*pausen* ändern und die zugehörigen Rheobasen messen, also die Minimalspannungen, die (nach beliebiger Zeit) gerade noch Erfolg haben. Diese Meßwerte stehen in Korrelation zum vorgegebenen Verhältnis Reizdauer:Pausendauer und sind von der Latenz unabhängig; sie fällt aus dem Spiel. Abb. 8 zeigt neun so ausgeführte Versuchsreihen; es entsteht ein gut zusammenliegendes Kurvenbündel. Auf gleichen Ausgangswert gebracht, gemittelt und

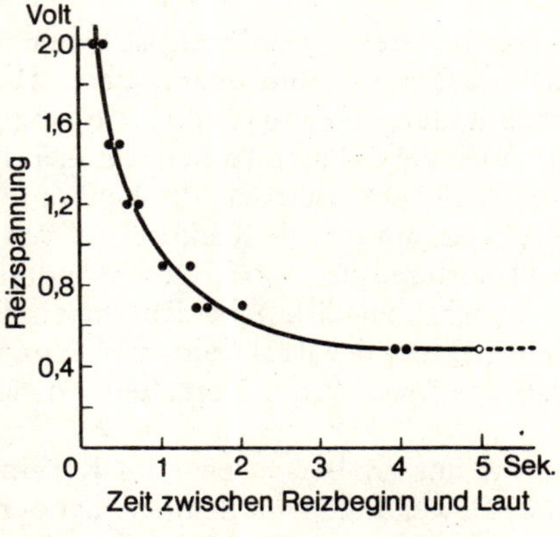


*Abb. 6 Abhängigkeit der Latenz von der Reizspannung beim Luftwarnlaut (»Klock«) eines Hahnes. Hier und in allen weiteren Messungen ist ∼ Wechselstrom von 50 Hz verwendet. (Die Reizspannungen wurden in der Versuchsfolge zufallsmäßig variiert; der erste keine Reaktion auslösende Reiz ist mit ○ bezeichnet.)*

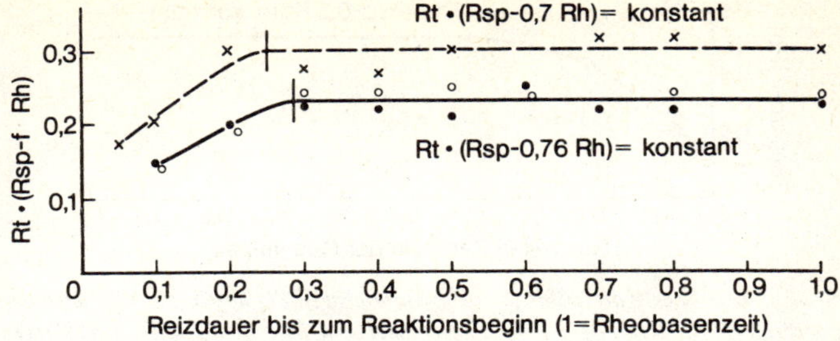


*Abb. 7 Für drei Versuche vom Typ der Abb. 6 ist das Produkt der benötigten Reizzeit (Rt) mal der dazugehörigen Reizspannung (Rsp) minus einem Teil der kleinsten noch wirksamen Schwellenspannung, der Rheobase (f · Rh), über der jeweils zugehörigen Reizdauer aufgetragen (× Luftwarnlaut des Hahnes, ● Kopfschütteln, ○ Wachlaut).*

analog Abb. 7 aufgetragen, ensteht die Kurve der Abb. 9; sie entspricht ganz dem Ergebnis der Latenzmessungen von Abb. 7. Wir haben also eine allgemeine Formel gefunden, die angibt, wie Größe und Dauer des Reizes sich gegenseitig ersetzen, sich kompensieren: *die Kompensationsformel.*

Die bisherigen Messungen verwendeten Verhaltensschwellen; diese Schwellen verschwinden, wenn das reizabhängige Tun bereits spontan abläuft, wie in Abb. 10 die ruckweisen Kopfbewegungen des Aufmerkens. Hier gibt die Frequenz ein gutes Maß mit (ceteris paribus) reproduzierbaren Daten; man sieht,

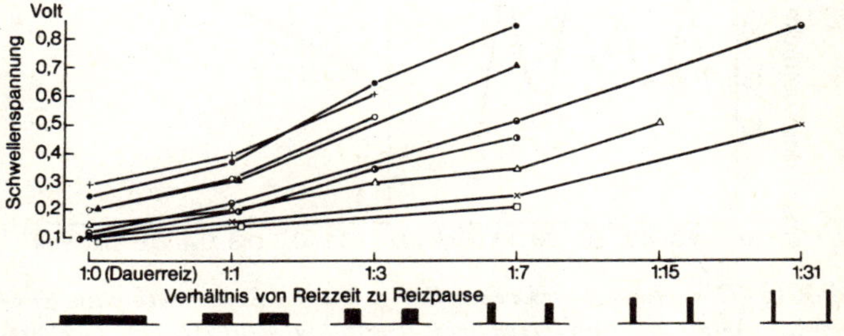


*Abb. 8 Messung der benötigten Schwellenspannungen bei Dauerreiz (~ 50 Hz) und bei rhythmischer Reizunterbrechung mit sinkender Reiz- und steigender Pausendauer, wie es die Skizze unten andeutet (× Kopfschütteln, ▲ Kopfwegwenden, ○ Sich-Setzen; die übrigen 6 Zeichen: Gackern). Die Frequenz der Reizunterbrechung, zwischen 4 und 10 Hz, ist ohne Einfluß.*

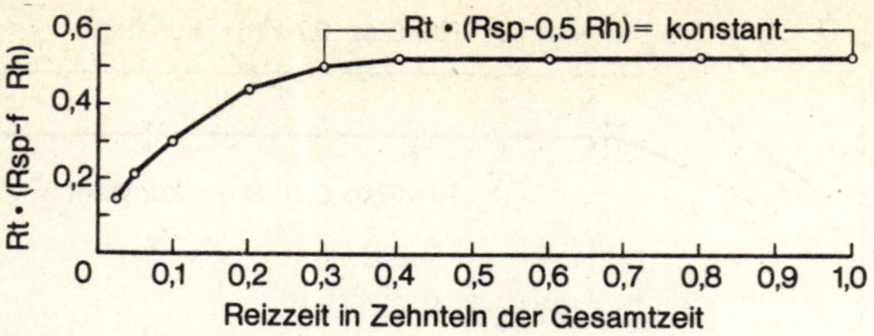


*Abb. 9 Die Werte der Abb. 8 sind zusammengefaßt, wie in Abb. 7 nach der Formel: Rt · (Rsp − f · Rh) umgerechnet und über dem jeweils zugehörigen Verhältnis von Reizzeit: Gesamtzeit aufgetragen. (1 heißt also Dauerreiz, 0,5 heißt Reizzeit: Reizpause = 1 : 1 usw.)*

daß die Kurve einem »Sättigungs«wert von etwa drei Bewegungen pro Sek. zustrebt.

Abb. 11 zeigt schließlich am Beispiel des Niedersetzens die Abhängigkeit von vier verschiedenen Größen: Latenz, Geschwindigkeit, Bewegungsausmaß und -dauer von der Reizspannung. Wir betrachten eben nur das auffällige Phänomen des *Überdauerns*, das hier von der Reizstärke (doch entsprechend der Kompensationsformel auch von der Reizdauer) abhängt (Abb. 11 b). Was ist die unmittelbare Ursache dieser auch sonst häufigen Fortsetzung des Tuns weit über das Reizende hinaus? Hat der

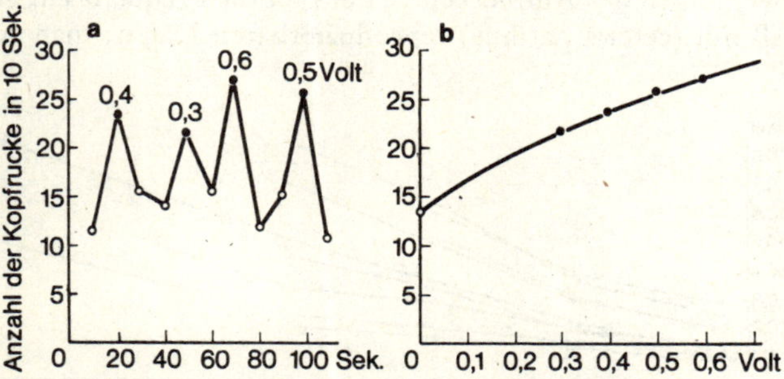


*Abb. 10 Die spontanen ruckweisen Bewegungen des Kopfes nach allen Richtungen – Aufmerken – werden von einem Reizfeld aus gesteigert. a zeigt die Frequenzzunahme der Kopfrucke in der Zeitfolge der Versuche; b das gleiche in systematischer Darstellung. Die Abb. zeigt nicht, daß während des Reizes die Kopfrucke nach vorne gerichtet werden und in Pick-Intentionen gegen kleine Partikeln am Boden oder Körper übergehen. (○ Spontanfrequenz, ● Frequenz während des Reizes.)*

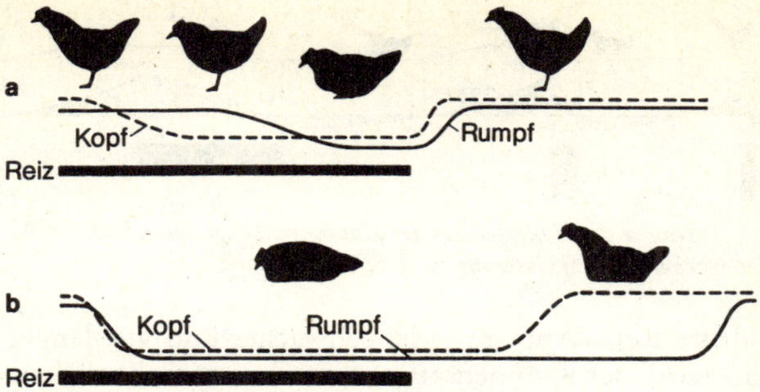


*Abb. 11 Wirkung von zwei verschieden starken Sitzreizen auf ein ruhig stehendes Huhn; das Einziehen des Kopfes und das Niedergehen des Rumpfes sind getrennt registriert; der Reiz (R) beträgt in a 0,5 V, in b 0,7 V. (Nach Filmstreifen.)*

Reiz irgendein spezifisches Etwas zentral aufgehäuft, das langsam »verbraucht« wird, und läßt sich dieses unsichtbare Etwas messend verfolgen?

Der Verhaltenskenner weiß, daß äußerlich gleiches Tun »innerlich« von sehr verschiedener Intensität sein kann. Ein sitzendes Huhn kann wenig oder sehr »sitzlustig« sein; im ersten Fall ist es durch andere Reize leicht, im zweiten schwer ablenkbar. Gleiches gilt für so viele Tätigkeiten, denen man den Grad ihres Bedürfnisses oder »Dranges« nicht ansieht, wie Stehen, Trinken, Schlafen, Sich-Putzen, Ungeziefer-Ablesen, Krähen usw.[5] Man kann diesen Drang jedoch in jedem Fall messen mittels eines zweiten Reizgerätes und einer zweiten Elektrode, mit der man das Reizfeld einer gegnerischen Reaktion aufsucht. Zur Erläuterung des Prinzips genügt das einfache Schema von Abb. 12, in welchem Sitzen und Stehen gegeneinander ausgespielt werden; es ordnet gleichzeitig alle bisher besprochenen Meßgrößen in einen natürlichen Zusammenhang.

Objekt ist eine Henne mit spontanem Sitzdrang, die wir durch Reizung eines zentralen »Stehfeldes« aufstehen lassen. Der erste Reiz (Abb. 12 a) ist stark, aber kurz; das Tier steht mit kurzer Latenz schnell auf und setzt sich gleich wieder. Der zweite Reiz (Abb. 12b) ist stark und länger; Latenz und Aufstehen sind unverändert, aber das Stehen überdauert den Reiz eine Weile.

[5] Um mehr Daten sichtbar zu machen, haben wir manchmal auch Atmung und Herzschlag mitregistriert; darauf und auf die von den Reizelektroden in Reizpausen ableitbaren Änderungen der Aktionsströme wird hier nicht eingegangen.

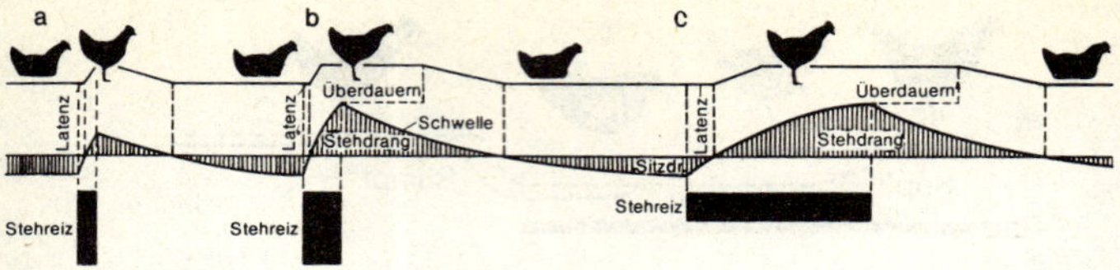


*Abb. 12 Skizze zur Darstellung des Zusammenhanges verschiedener Meßgrößen des Verhaltens. Erläuterung im Text.*

Der dritte Reiz (Abb. 12 c) ist schwächer und viel länger; die Latenz wird, der Kompensationsformel entsprechend, lang, das Huhn steht langsam auf, das Stehen überdauert, wiederum nach der Kompensationsformel, ebenso lange wie im zweiten Fall. Diesen gemessenen Fakten ließe sich ein zentraler Prozeß als gemeinsame Ursache unterlegen, den der mittlere Kurvenzug andeutet; er hat die Größe Null im Moment, wo Sitzen in Stehen übergeht; unter der Nullinie nennen wir ihn physiologischen *Sitzdrang*, über ihr *Stehdrang*. Dieser unterlegte zentrale Vorgang ist nun auch direkt meßbar: Solange das Tier sitzt, gibt die Schwellenspannung für Aufstehen ein Maß des zu überwindenden Sitzdranges; solange es steht, ist umgekehrt die jeweilige Schwellenspannung, die aus einem zentralen »Sitzfelde« das Hinsetzen einleitet, ein Maß für den Stehdrang. Nach solchen Messungen mittels zweier komplementärer Reizfelder ist der schematische Verlauf der ganzen Schwellenkurve gezeichnet. Sie definiert erstens Größe und Richtung dieses zentralen Dranges – dessen physiologische Natur uns freilich völlig dunkel ist; sie bestimmt zweitens in anschaulicher Weise die sichtbaren Daten: Latenz, Geschwindigkeit, Dauer, und deren Beziehung zur Reizgröße und Reizdauer. Und damit erklärt sie drittens das Prinzip der Kompensationsformel.

## Exkurs über methodische Exaktheit

Das vorige Kapitel hat deutlich gemacht, daß die Methode hohe Ansprüche an Exaktheit und Reproduzierbarkeit befriedigen kann. Doch von welchen Bedingungen hängt das ab? Was bedeutet z. B. das mehrfach ausgesprochene »ceteris paribus«? Die Antwort lautet: Exaktheit ist allein bei Konstanz der *inneren* zentralen Situation gegeben, in die jedes Tun gleichsam eingebettet ist. Vielerlei, zeitlich oft weit vorausliegende Faktoren beeinflussen diese Situation; wir werden die wichtigsten kennenlernen.

Wie erreicht man eine konstante – oder kontrollierte – *innere* Situation? Ein Tier im Hühnerhof greifen, ihm (in Narkose) Elektroden einsetzen und, wenn es wach ist, den Reizversuch beginnen, führt zu nichts: Die meisten Reizfelder bleiben stumm, aus anderen erhält man bevorzugt Starre oder Fluchtformen; an reproduzierbare Kurven ist nicht zu denken. Gelingt es, im Verlauf von Stunden das Tier etwas einzugewöhnen, so werden manche stummen Zonen aktiv, das Fliehen beschränkt sich auf weniger Reizfelder; hat man schließlich das Glück, etwa eine Brüt-, Schlaf- oder Kräh-Reaktion »durchzusetzen«, so ist das Eis meist bis auf weiteres gebrochen. Voraussetzung für Messungen ist in jedem Fall eine ruhige, »gemütliche« Grundstimmung, wie sie beim Huhn durch lockeres Gefieder, aufmerksames Umherschauen, Neigung sich zu putzen, zu fressen, sich zu setzen, beim Hahn auch durch spontanes Krähen, durch Sichern (und eventuell Warnen) und Zum-Futter-Locken ganz grob charakterisiert ist. Selbst kleinste Gespanntheit (Starre) kann alles zunichte machen. Um so feine Nuancen in Haltung und Bewegung unterscheiden zu können, ist Kenntnis des Verhaltensinventars schon *vor* Versuchsbeginn ebenso unerläßlich, wie sie später notwendig ist für die richtige Bezeichnung jeder Reaktion[6].

Ist die gewünschte neutrale Grundstimmung ungefähr erreicht, so bekommt man im Verlauf der nächsten Stunden, je mehr Reizfelder getroffen werden, um so mehr die Gesamtsituation in die Hand; und dann kann man auch solche Faktoren messen, welche diese innere Situation *verändern*; ihnen wenden wir uns nun zu.

## Zentrale Adaptation und Umstimmung

Dem Tierbeobachter ist der Fall geläufig, daß irgendeine Reizsituation ein bestimmtes Tun mit zuerst schnell steigender und dann allmählich wieder absinkender Intensität in Gang setzt, so als würde erst eine »Anfangsreibung« überwunden und als

[6] Wir danken unserem auswärtigen Mitarbeiter, dem hervorragenden Hühnerkenner Dr. Erich Baeumer, für die Einführung in das umfangreiche Verhaltensinventar des Huhnes; auf seine vorsichtige Interpretation haben wir uns in allen Zweifelsfällen verlassen (Baeumer 1955).

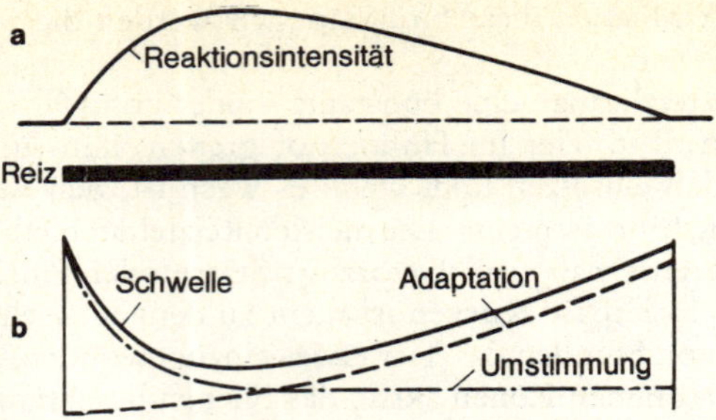


*Abb. 13 a Schema zur Veranschaulichung des Reaktionsanstiegs und -wiederabfalls bei konstantem Dauerreiz. b Schema des Schwellenabfalls und -wiederanstiegs bei der gleichen Reaktion wie in a. Die Entstehung dieses Schwellenganges aus einem absinkenden und einem zweiten ansteigenden Prozeß erläutert der weitere Text.*

»ermüdete« das Verhalten später. Auch Reizung eines Hirnfeldes macht allenthalben diese Erscheinung sichtbar (Abb. 13 a). Mißt man sie mit dem Reizschwellenverfahren, so ist die Schwelle anfangs hoch, sinkt dann schnell und steigt später wieder langsam an (Abb. 13 b).

Wir studieren zuerst das »Ermüdungs«phänomen. Abb. 14 zeigt das Absinken einer Gackerreaktion bis auf Null in zwölf sich folgenden gleichen Reizserien; man sieht, wie hier die Verkürzung der Reaktionsdauer durch Ansteigen der Latenz und spiegelbildlichen Abfall des Überdauerns zustande kommt. Im Versuch von Abb. 15 ist das gleiche Gackern Bestandteil des komplexeren Fluchtverhaltens. Hier wurde nach dem Schema der Abb. 13 b der Reiz mit der langsam ansteigenden Schwelle miterhöht, also nicht die Reizstärke, sondern die Reaktion konstant gehalten. Sie endet hier abrupt mit Einsetzen eines neuen Verhaltens, des Fortfliegens.

Alle solche Fälle der Reaktionsabnahme (oder des Schwellenanstiegs) haben nun eines gemeinsam: sie geben dasselbe Bild, wie es – ceteris paribus – eine Abnahme der *Reiz*spannung geben würde. Man könnte vermuten, daß die Leitung vom Reizfeld zum eigentlichen neuromotorischen Apparat irgendwo zunehmend behindert wird.

Es läßt sich nun in günstigen Fällen zeigen, daß dieser Verdacht hier zutrifft. Wir suchen für eine einfache und häufige Reaktion, wie z. B. Gackern, zwei verschiedene, weit voneinander entfernte Reizfelder. Mit zwei unabhängigen Reizgeräten können wir nun ein Spiel von Reizkombinationen durchführen (Abb. 16), aus dem mancherlei zu entnehmen ist. Wir können z. B. für jedes Reizfeld getrennt eine mittlere Reizspannung einstellen, die mäßige Reaktion auslöst; dann werden beide Felder gleichzeitig erregt, und es zeigt sich, wie erwartet, eine gesteigerte Reaktion (Abb. 16 b). Es ist also kein Zweifel, daß beide Erregungen *irgendwo* im ZNS zusammenfließen. Nun wird ein Feld allein längere Zeit, bis über das Erlöschen des Verhaltens hinaus, gereizt und dann unmittelbar das andere Feld allein: Die Reaktion ist sogleich wieder voll im Gang: und vice versa (Abb. 16 c). Das bestätigt zunächst, daß wir zwei verschiedene, sich physikalisch nicht überschneidende Reizfelder vor uns haben; und es zeigt ferner, daß dieses Auslöschen *vor* dem Zusammenfluß beider Reizwirkungen geschieht; denn sonst müßte der Effekt sich ja auch beim *anderen* Reizfeld bemerkbar machen. Es gelangt hier folglich tatsächlich immer weniger aktivierende Erregung zum neuromotorischen Apparat. Wir nennen darum das Phänomen eine zentrale, örtliche *Adaptation.*

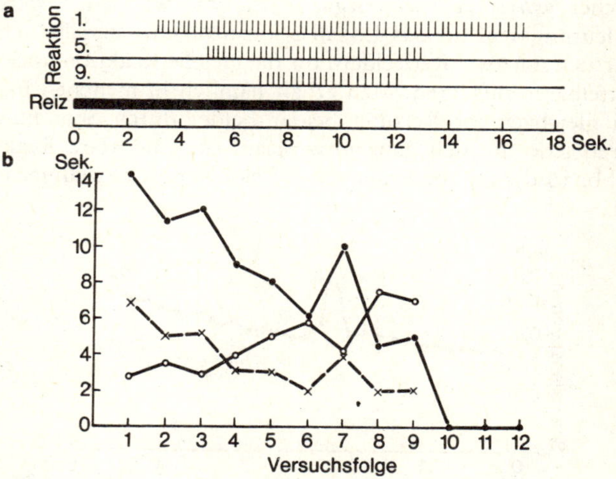


*Abb. 14 Aus einem Reizfeld für Gackern wurde durch 12malige konstante Reizung von je 10 Sek. Dauer (mit Zwischenpausen von 10 Sek.) das Gackern »leer gepumpt«. a veranschaulicht den Erfolg der ersten, fünften und neunten Reizung; b gibt für die 12 Reizfolgen die Latenzen (○), das Überdauern (×) und die Reaktionsdauer (●) an.*

Wenn das Gesagte zutrifft, ergibt sich noch eine Konsequenz: Bei Dauerreiz eines Feldes sollte jene zuleitende Struktur auch dauernd adaptiert *bleiben*, also das erloschene Verhalten über beliebig lange Zeit nicht wieder erscheinen. Das ist in der Tat regelmäßig der Fall und macht sich besonders drastisch geltend bei solchen Reaktionen, die sehr schnell adaptieren, so daß auf den Reiz nur eine »Entladung«, z. B. ein Krähen, ein Luftwarnlaut oder ein Wachlaut, stattfindet. So kräht der Hahn bei Dauerreiz eines bestimmten »Krähfeldes« nicht selten nur ein einziges Mal, bei kurzen Reizunterbrechungen nach jedem Ruf jedoch zwanzig oder mehr Male in fünf Minuten! Das zeigt sehr schön, wie von »Ermüdung« des neuromotorischen Apparates selbst nicht die Rede sein kann, da er ja – bei in summa viel weniger Reizzufuhr – so viel aktiver ist. Durch variierte Pausenlängen zwischen den Reizen läßt sich der Vorgang der *Rück*adaptation zeitlich verfolgen; im Versuch von Abb. 17 erfordert er etwas über zehn Sekunden.

Diese Daten zeigen erneut die Meßbarkeit von etwas, das nicht direkt sichtbar wird; hier ist es nicht ein Drang, sondern ein örtlicher Prozeß an einer fortleitenden Struktur. Die Existenz solcher *unterschwelliger* Vorgänge ist, wie wir sehen werden, bedeutungsvoll für das Lokalisationsproblem; sie läßt sich im Versuch mit zwei Reizfeldern für die gleiche Reaktion noch unmittelbarer aufzeigen. Man erhält nämlich in manchen Fällen, bei gleichzeitiger Reizung beider Felder durch Spannungen, deren jede für sich ganz unwirksam ist, eine klare Reaktion (Abb. 16 d). Das bedeutet aber: Beide »unterschwelligen« Er-

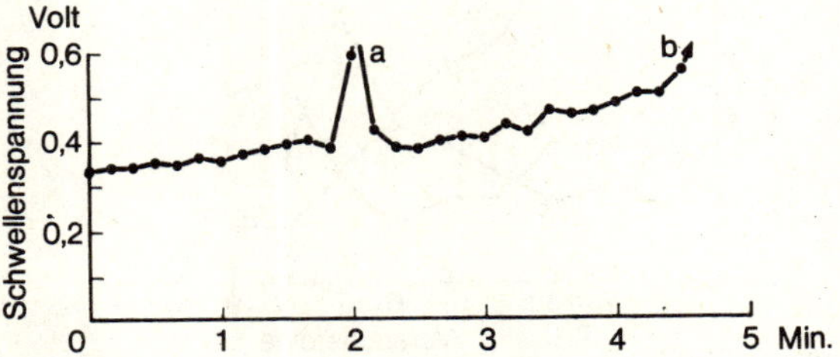


*Abb. 15 Huhn, das durch Reizung eines Feldes in Fluchtunruhe versetzt wird (die dabei auftretenden Verhaltenselemente zeigt Abb. 29 a). Hier wird der Dauerreiz so gesteigert, daß das Tier ständig leise gackert; die Reizspannung wird alle 10 Sek. abgelesen. In a hat das Tier Kot abgesetzt, in b fliegt es mit kurzem Schrei ab.*

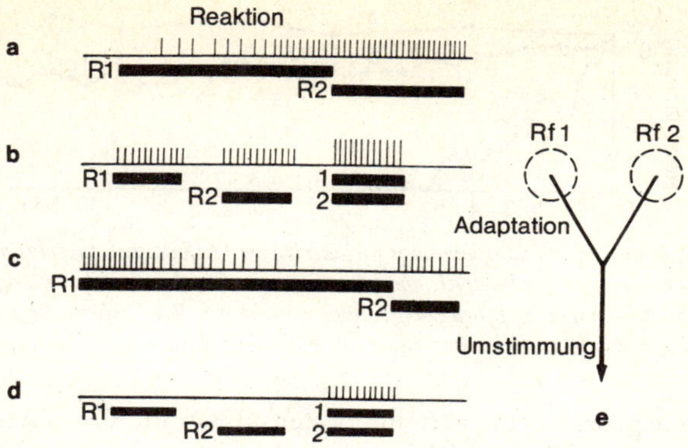


*Abb. 16 Schema zur Erläuterung verschiedener Kombinationen bei Reizung zweier Felder für das gleiche Verhalten. Zugrunde gelegt ist ein Fall, wo die Reizfelder etwa 5 mm seitlich voneinander entfernt in der rechten und linken Stammhirnhälfte lagen und »reines« Gackern ergaben. Um bei gleichzeitiger Reizung beider Felder eine gegenseitige physikalische Beeinflussung der durch die beiden Elektrodenpaare im Gewebe erzeugten Spannungen sicher auszuschließen, wurden rhythmisch unterbrochene Reize (wie in Abb. 8) so verwendet, daß bei Doppelreizung der eine in die Pausen des anderen fiel. (R Reiz, Rf Reizfeld; nähere Erläuterung im Text.)*

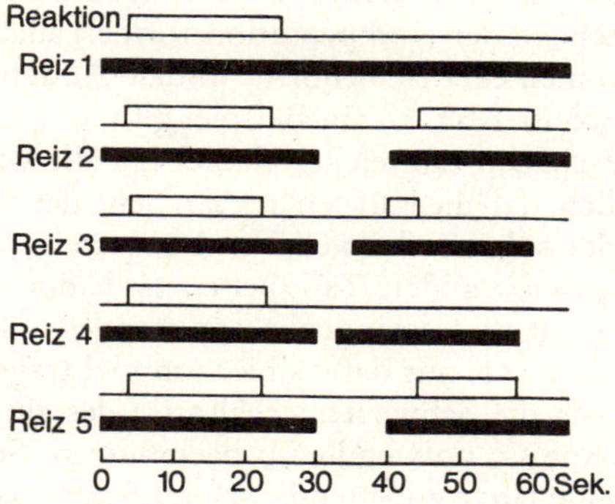


*Abb. 17 Abhängigkeit einer Reaktion – säubernde Zungenbewegung in der Mundhöhle – von Reizdauer und Reizpause. Die Reizspannung ist konstant (0,5 V). Bei Dauerreiz erlischt die Reaktion nach etwa 20 Sek., ihr Wiederauftreten und ihre Dauer hängen von der Länge der Reizpause ab.*

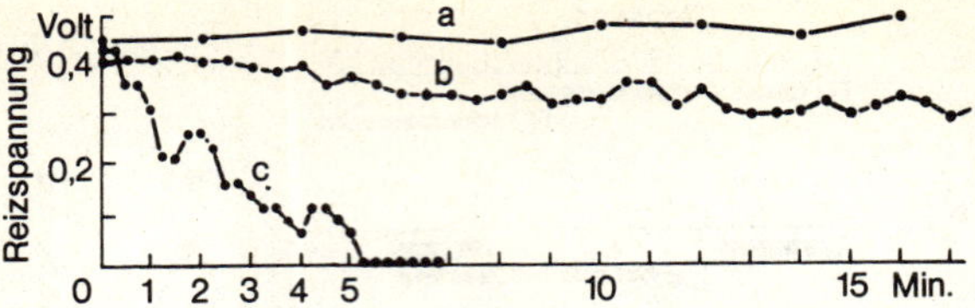


*Abb. 18 Ein Huhn sitzt unbewegt (schläfrig) im Halbdunkel. Gereizt wird ein Feld, das Aufmerken bewirkt, und zwar mit um 0,1 V in 3 Sek. ansteigendem Reiz bis zur ersten Kopfbewegung; dann erlischt der Reiz sofort. In a ist alle 90 Sek., in b alle 30 Sek., in c alle 15 Sek. gereizt worden.*

regungsprozesse müssen mindestens bis zum Ort ihres Zusammenflusses weitergeleitet sein; denn sonst könnten sie sich nicht summieren und das Verhalten selbst über die Schwelle heben. Die Schwelle, die hier überwunden wird, liegt also gar nicht im Reizfeld selbst, sondern *irgendwo* auf dem Wege zur Motorik.

Betrachten wir nun das andere Phänomen: das Absinken der Schwelle beim Beginn eines fortdauernden oder häufig wiederholten Tuns (vgl. Abb. 13 b). Wie Abb. 18 a zeigt, kann dieser Effekt ganz ausbleiben, wenn der Reiz selten kommt (oder kurz ist); die Schwellenkurve behält dann ihr Niveau. Je dichter die Reize einander folgen, desto steiler sinkt die Schwellenkurve ab – hier sogar (Abb. 18 c) bis auf Null; d. h. die *Re*aktion wird zur *Spontan*aktion. Statt der Schwelle kann in anderen Fällen als Maß (entsprechend der Kompensationsformel) auch die Latenz dienen; so können ebenfalls enorme initiale Änderungen sichtbar werden, wofür Abb. 19 ein Beispiel gibt.

Beim Überschauen zahlreicher ähnlicher Fälle wird dem Betrachter deutlich, daß die Kurven nur *eine* Seite der Sache zeigen. Denn mit jeder solchen Schwellensenkung steigt zugleich die Schwelle für gewisse andere Tätigkeiten. Es handelt sich um die Verschiebung eines Gleichgewichtszustandes, ähnlich dem Schema von Abb. 12, nur daß es hier um viel trägere Prozesse geht, denen sich die Schwellenverhältnisse des aktuellen Tuns überlagern, ohne sie notwendig zu beeinflussen. So wird etwa in Abb. 20a eine lange anhaltende Schimpfstimmung von zwei Reizfeldern aus unterbrochen. Der eine Reiz – Sichern – hat nur geringen Einfluß, der andere – Sich-Setzen in Schlafstimmung – wirkt stärker; doch ist bei kurzer Reizdauer die Stimmung des Krakehlens noch nicht aufgehoben. Nach längerem Sitzreiz

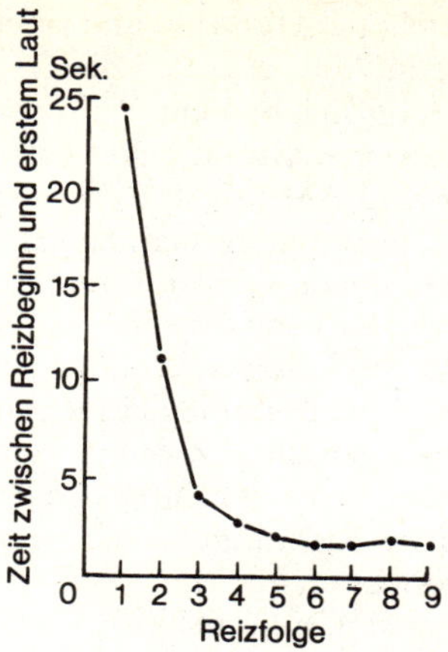


*Abb. 19 Ein ruhig sitzendes Huhn wird mit konstantem Reiz (0,4 V) aus einem Feld für Gackern jeweils bis zum ersten Gackerlaut gereizt; gemessen ist die erforderliche Reizdauer (Latenz). Zwischen je zwei Reizen eine Pause von 5 Sek. (Nur die ersten zwei, hier nicht aufgetragenen Reize hatten andere Spannungen: 0,38 V: keine Reaktion; 0,42 V: Reaktion in 3 Sek.)*

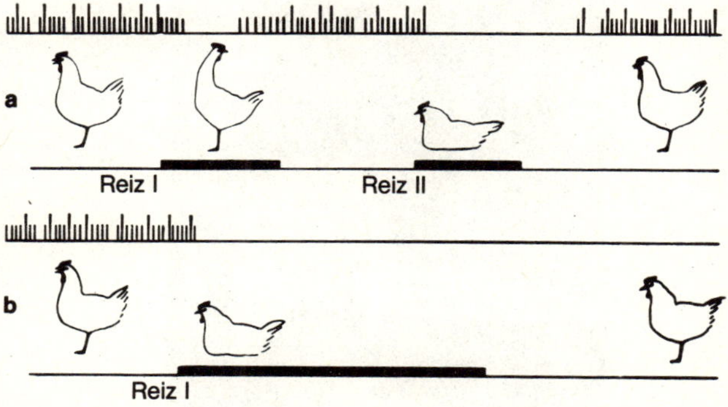


*Abb. 20 Huhn, das infolge vorheriger Fluchtreize anhaltend spontan schimpft (»pok, pok, goläh, pok, pok, pok, goläh!« ..., angedeutet durch das obere Kurvenbild). Reiz I bewirkt Sichern, Reiz II Sich-Setzen; weitere Erläuterung im Text.*

aber (Abb. 20b) steht das Huhn auf und ist völlig beruhigt. Man sieht, ähnlich wie in Abb. 18a, daß die Grundstimmung träge ist und ihre Änderung Zeit braucht. Wir bezeichnen solche langsamen Änderungen einer Grundtendenz als *Umstimmungen.*

In Abb. 18b, c und Abb. 19 sind Aufmerken bzw. Gackern Zeichen für eine Umstimmung vom Schlaf zum Wachsein. Ein Schlafreiz würde sich jetzt schwerer durchsetzen. So kann man durch andere Reizfelder von Hunger oder Durst auf Flucht oder Brüten umstimmen und umgekehrt oder von Balz- auf Kampfstimmung usw. – wobei es nur leider nicht möglich ist, die verschiedenen Stimmungen ohne Zwang in antagonistische Paare zu ordnen. Sie ziehen, wie mit zahlreichen Fäden an einem Knoten, in verschiedene Richtungen; auch eine Grundstimmung »Null« gibt es offenbar nicht.

Einer Stimmung sind nun mehrere Verhaltensakte zugeordnet, die damit eine innere Verwandtschaft erkennen lassen. So folgt das spontane Krähen, ein allgemeiner Ausdruck männlichen Selbstvertrauens, sehr häufig dem reizinduzierten »Kratzfuß« (Abb. 21) oder dem Zu-Neste-Locken (einer Henne) oder

*Abb. 21 Hahn, der auf Stammhirnreiz (0,15 V) den »Kratzfuß« zeigt, eine Imponierhandlung, bei der das Tier, mit dem äußeren Fuß am herabgestreckten äußeren Flügel kratzend, den rangniederen Artgenossen umkreist; hier – in Abwesenheit eines Artgenossen – als »Leerlauf«-Aktion.*

*Abb. 22 Liste von reizausgelösten Verhaltensweisen, nach deren Ende, 5 bis 10 Sek. später, häufig (in manchen Fällen regelmäßig) Krähen auftritt. (Der Wachruf ist ein kurzer »Schimpfstoß« und heißt etwa »na Donnerwetter«; das Zielen ist Teilelement der Flucht, vgl. Abb. 29a.)*

dem Rivalen-Androhen oder Hacken. Der Reiz, so kann man sagen, aktiviert jeweils spezifisches männliches Tun, das mit Reizende erlischt und nur die Grundstimmung »erhöhter Manneskraft« hinterläßt, welche sich in spontanem Krähen Luft macht.

Geht eine reizinduzierte Stimmung zu Ende, so kann sie auch vorübergehend nach der Gegenseite umschlagen. Alle in Abb. 22 aufgeführten, sehr verschiedenen Reaktionen, wenn sie für einige Dauer und nicht zu heftig aktiviert werden, begünstigen sehr den Krähruf als nachfolgende Spontanaktion. Sieht man die Liste durch, so läßt sich als gemeinsames Element »mäßige Depression« angeben. Diese Stimmung schwingt also, freigelassen, vorübergehend in das gesteigerte »Selbstgefühl« aus[7]. Nur auf sehr starke Depression folgt nicht gleich Krähen, sondern, als Ausdruck überwundener starker Spannung, zunächst das Schimpfen. Alles Gesagte gibt dem Phänomen der Umstimmungen einen eigenen, von der zentralen Adaptation sehr verschiedenen Charakter und nährt den Verdacht, daß es sich auch an anderem Ort im ZNS abspielen dürfte. Wir ziehen hier wieder den Versuch mit zwei unabhängigen Reizfeldern für dieselbe Reaktion heran und fragen, ob die Umstimmung, von einem Feld bewirkt, für das andere mitvollzogen ist (und vice versa) oder nicht. Die Antwort lautet in den bisher geprüften Fällen, wie das Schema Abb. 16a zeigt: ja! Das heißt also: Die Umstimmung geschieht, anders als die Adaptation, *nach* dem Zusammenfluß beider Reizwirkungen, also näher am neuromoto-

[7] Nach dem Motto: »Heut' mach' ich meinem Hund eine Freud'; zuerst schlag' ich ihn – und dann hör' ich auf.«

rischen Apparat, wie es Abb. 16e andeutet. Da somit zwei verschiedene Prozesse – Umstimmung und Adaptation – die jeweilige Verhaltensschwelle beeinflussen, ergibt sich gleich als weiterer wichtiger Schluß, daß gleicher Schwellenwert *nicht* gleichen zentralen Zustand bedeutet; denn viel Umstimmung plus viel Adaptation kann ja den gleichen Schwellenwert ergeben wie wenig Umstimmung plus wenig Adaptation (s. Abb. 13b).

Wir haben Adaptation und Umstimmung bisher isoliert von anderen Phänomenen betrachtet. Selbstverständlich gibt es mancherlei Überlagerungen. So gibt Abb. 23 einen Fall von Adaptation, kombiniert mit Überdauern der Reaktion. Wir wissen bereits, daß Überdauern von der Reizdauer abhängt (s. Abb. 12a, b). Wenn nun, wie hier beim Sichern, Adaptation dazu kommt, so gibt es *kein* Überdauern entweder bei keinem oder aber bei sehr langem Reiz, d. h. bei völliger Adaptiertheit. Zwi-

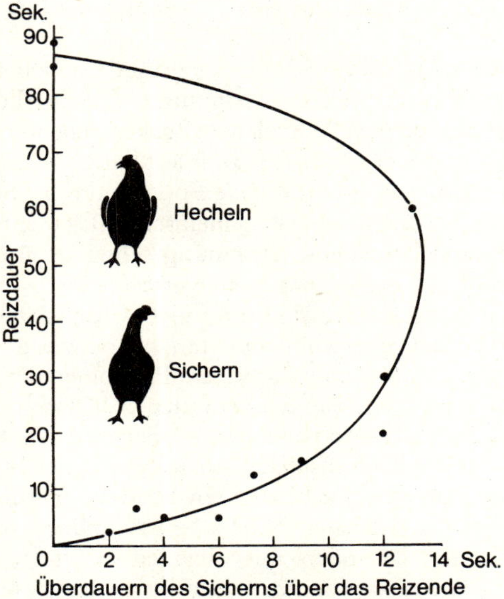


*Abb. 23 Ein Huhn, das spontan hechelt (schnelle Atmung mit offenem Schnabel und geöffneten Flügeln bei zu großer Körperwärme), wird von einem Reizfeld zum Sichern gebracht, wobei die Hechelstellung ziemlich plötzlich erlischt. Variiert wird bei konstanter Spannung (0,5 V) die Reizdauer; gemessen wird das Überdauern der Sicherstellung über das Reizende. Erläuterung im Text.*

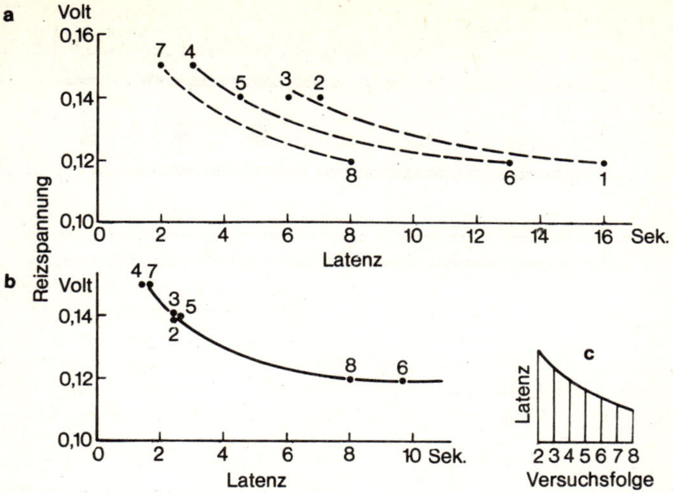


*Abb. 24 Abhängigkeit der Latenz einer Reaktion – Aufspringen und Flucht des sitzenden Hahnes – von der Reizspannung* und *von der Zahl vorausgegangener Auslösungen. Die Ziffern bezeichnen die Zeitfolge der Reize (Reiz 1 hatte keine Reaktion). In b ist eine Latenzverkürzung um 1/6 bei jedem weiteren Versuch angenommen (entsprechend dem Kurvenbild c). Erläuterung im Text.*

schen diesen Extremen aber liegt ein Maximum der Reizwirkung, weshalb die Zeitwerte des Überdauerns eine merkwürdig zurückgekrümmte Kurve bilden.

Abb. 24a zeigt den Einfluß einer Umstimmung auf eine Versuchsreihe mit wechselnden Latenzen. Die Latenzdaten bilden eine Schar von Kurven, die mit fortlaufender Reizung zu immer kleineren Werten hinwandern; man kann hier leicht, durch eine passende Annahme über den Kurvengang der Umstimmung (Abb. 24c), ihre Wirkung herausziehen, so daß die Latenzdaten auf eine gemeinsame Linie rücken (Abb. 24b).

Die nähere Kenntnis von Adaptation und Umstimmungserscheinungen erleichtert sehr die Deutung wechselnder Verhaltensfolgen, denen *scheinbar* etwas Willkürliches anhaftet. Abb. 25 gibt einen solchen Fall wieder, wo drei gleiche Dauerreize einen Hahn aus schläfriger in wach-gespannte Stimmung bringen, die sich aber jedesmal anders äußert. Wir interpretieren: Der erste Reiz (Abb. 25a) macht anfangs starke angstvolle Gespanntheit, die mit zunehmender Adaptation schwindet, womit das Gackern

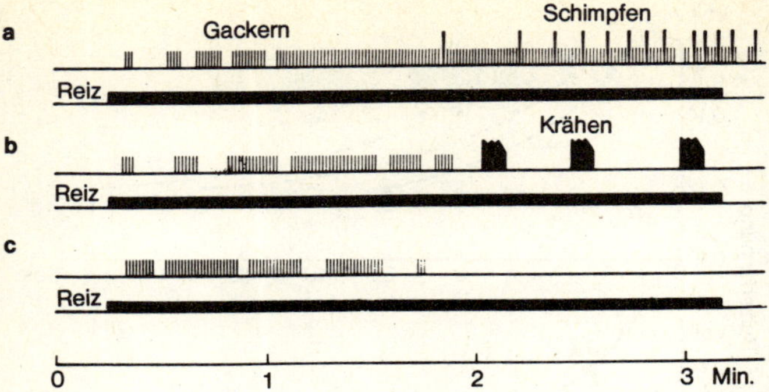


*Abb. 25 Ein Hahn in schläfriger Grundstimmung wird durch drei längere, von kurzen Pausen getrennte, konstante Dauerreize (0,2 V) zu verschiedenartiger Aktivität (Gackern, Schimpfen, Krähen) veranlaßt. Erläuterung im Text.*

allmählich in Schimpfen übergeht. Der gleiche Reiz hat das zweitemal (Abb. 25 b) geringere depressive Wirkung und führt daher, nach seinem Abklingen durch Adaptation, zur Gegenstimmung von männlichem Selbstgefühl, also (wie wir schon wissen) zum Krähen. Das drittemal schließlich (Abb. 25 c) ist die Reizwirkung so gering, daß die bald abklingende Stimmung kaum mehr zur Gegenseite auspendelt; der Hahn fällt schon während des Reizes nach kürzerem Gackern wieder in seine schläfrige Grundstimmung zurück.

## Zusammenspiel verschiedener Verhaltensweisen

Über dem Untergrund der langsam wechselnden Stimmungen spielt sich die schnellere Triebdynamik ab. Man kann sie experimentell studieren durch gleichzeitige Aktivierung von zwei verschiedenen Verhaltensweisen, entweder aus zwei Reizfeldern oder aus einem Reizfeld, kombiniert mit einem Außenreiz. Verschiedene Typen der Kombination, die sich herausheben lassen, zeigt sehr schematisch Abb. 26.

Das *Überlagern* ist die einfachste und unproblematischste Form; beide Bewegungen bleiben unabhängig. Beim *Mitteln* gilt das nicht mehr; so gibt starres Sichern mit gestrecktem Hals und aufmerkendes Umherschauen mit weiten Kopfbewegungen Sichern mit weniger gestrecktem Hals und kurzen, strafferen Kopfrucken. Das seltenere *Pendeln* tritt bei Gleichgewicht zwischen zwei Tendenzen auf; ein gutes Beispiel ist Fressen und Sichern, die zusammen einen Wechsel von hastigem Futterpicken und kurzem Hochschnellen des Kopfes ergeben können.

Der Fall des *Subtrahierens* wurde schon am Schema Abb. 12 für Stehen und Sitzen erläutert. Dieser Typus gilt nur für genau komplementäre Verhaltensweisen, wie Wenden nach links und nach rechts, die sich zu Null aufheben können. Bei »reinem« Sitzen und »reinem« Stehen ist er wohl auch verwirklicht, bei Sitzen als Teil des Brütens, Aufstehen als Teil der Futtersuche oder Flucht ist die Sachlage sicher komplizierter.

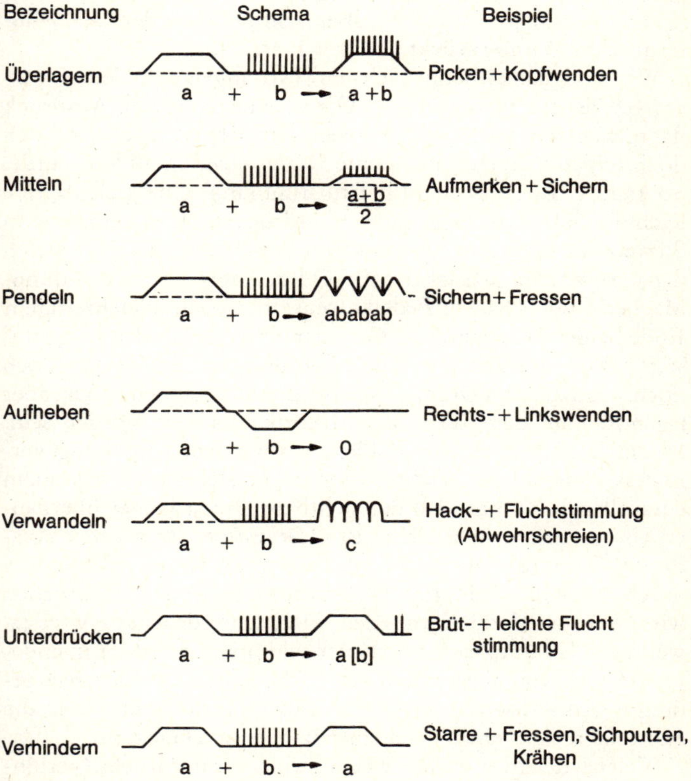


*Abb. 26 Typen der Kombination verschiedener Verhaltensweisen, Erklärung im Text.*

In allen genannten Fällen wird man von einem »Konflikt« nicht reden können. Ein klarer Konfliktfall ist aber das »*Verwandeln*«, das bei gleichzeitiger Angriffs- und Fluchttendenz auftreten kann und ein neues, stark affektgeladenes Tun zeigt: Trippeln mit gesträubtem Gefieder und Schreien. Das Verhalten erinnert sehr an die Reaktion einer Henne auf dem Nest, der sich etwas Gefährliches nähert. Das Schema des Verwandelns zeigt übrigens gut die Schattenseite des Typenbildens: Es enthält Fälle von physiologisch verschiedener Struktur. Wenn man z. B. bei einem hungrigen Tier leichte Fluchttendenz wachruft, so daß es nicht frißt, und nun Schlafreiz gibt, der die Fluchttendenz bekämpft, so kann das Tier, bevor es einschläft, eine kurze Zeit fressen. Das entspräche formal dem Schema $a + b = c$ (Flucht + Schlaf = Fressen); aber richtiger wäre der Satz: $a$ unterdrückt $c$, $b$ unterdrückt $a$; $a + b$ befreit $c$.

Wir sind damit beim nächsten Typ angelangt, dem *Unterdrücken*, das weitverbreitet ist. Wir verwenden diesen Ausdruck dann, wenn ein Verhalten ein zweites unsichtbar macht und sich doch zeigen läßt, daß der latente Drang nicht annulliert wurde. So kann z. B. Hinsetzen (in Brütstimmung) eine gleichzeitige leichte Gackererregung ganz unterdrücken. Wenn aber dann Sitzreiz und Gackerreiz *gleichzeitig* aufhören, so erscheinen gleich danach noch einige Gackerstöße. Oder: Ängstliches »Sich-dünn-Machen« unterdrückt Federaufplustern; nach gleichzeitigem Ende beider Reize wird das Gefieder einige Sekunden aufgeplustert. Das unterdrückte Tun wird als »Nachexplosion« doch noch sichtbar; sein Drang muß also latent bestanden haben, aber irgendwo auf dem Wege zur Motorik blockiert worden sein. Leider ist in den meisten Fällen, wo wir Unterdrückung vermuten, eine solche Nachreaktion nicht sichtbar – was allein daran liegen könnte, daß der sichtbare Drang länger überdauert als der unterdrückte. Hier ist »*Verhindern*« der neutrale Ausdruck. So wird man im Fall der Abb. 20, wo das Schimpfen durch Sichern und Hinsetzen vorübergehend unterbrochen wird, nur von Verhindern reden; klare Unterdrückung wäre es, wenn das Huhn danach intensiver schimpfen würde. Ein anderes Beispiel von Verhindern zeigt Abb. 15a; das fluchtreiz-bedingte Kot-Absetzen erhöht vorübergehend sehr stark die Schwelle für das ebenfalls fluchtreiz-bedingte Gackern.

Welche Reaktion durch welche andere unterdrückt (verhindert) wird, hängt gewöhnlich von quantitativen Daten ab. Doch einzelne Verhaltensweisen können wir *dominierend* nennen, weil

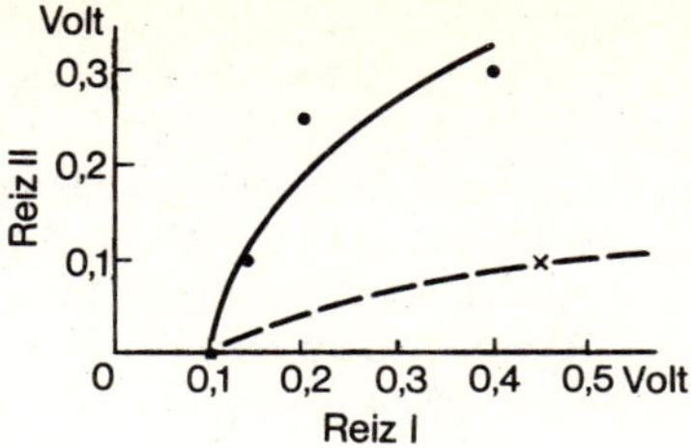


*Abb. 27 Abhängigkeit der Reizschwelle für ein Tun – Picken links am Boden und Körper (I) – von der gleichzeitigen Reizspannung, mit der ein anderes Tun – Unbewegtstehen mit vorgestrecktem Kopf, Speichelfluß und langes Überdauern der Freßunlust (II), die »Ekelhaltung« (vgl. Abb. 28, zweite Skizze) – aktiviert wird. Der Reiz II (Ekelhaltung) wird zunächst konstant auf einen Wert eingestellt, dann Reiz I steigend dazugegeben, bis das ihm zugeordnete Tun sichtbar wird. × Pickbewegungen, ● Linkswendung des Kopfes.*

sie schon bei geringer Aktivierung sonstiges Tun stillegen. Solche dominierenden Reaktionen sind vor allem die verschiedenen Formen der Flucht und mehr noch die Starre[8], gegen die anderes Tun schwer aufkommt.

Die möglichen *quantitativen* Wirkungen aller Verhaltensweisen aufeinander durch gleichzeitige Aktivierung von je zwei Partnern zu messen, ist eine wichtige Aufgabe auf dem Weg zur Konstruktion des Wirkungsgefüges. Abb. 27 gibt ein Beispiel, das mehrerlei zeigt: Die eine Reaktion ist hier eine Haltung (»Ekelhaltung«), die sich mit Reizanstieg nicht ändert; das andere Tun: Picken und Kopfwenden hat also gegen eine *gleichbleibende* Haltung von *verschieden starkem Drang* anzukämpfen. Man sieht, daß größerer Ekeldrang die Schwelle für Kopfwenden mäßig, für Picken jedoch steil anhebt. Dem Pickdrang (nahe verwandt mit Freßdrang) scheint also der Ekeldrang stärker konträr zu sein als dem neutralen Wenden des Kopfes zur Seite, das sich der Ekelhaltung leichter beimischen läßt.

Im ganzen ergibt sich aus solchen Versuchen, daß bei den einzelnen Verhaltensweisen – ähnlich wie bei den Stimmungen – eine Aufstellung antagonistischer Paare meist nicht gelingt; es gibt gegenseitiges Unterdrücken (Verhindern) in sehr verschiedenen Abstufungen.

Schließlich kommt es auch vor, daß ein Reiz die Schwelle für

[8] Starre, das sogenannte »Sich-Totstellen«, tritt bei vielen Vögeln in Augenblicken großer Lebensgefahr auf.

ein anderes Verhalten nicht erhöht, sondern herabsetzt. Dafür einen Fall: Ängstlich gespanntes Gackern (»pok, pok, pok, pok, ...«) einer Henne wirkt im Hühnerhof ansteckend auf andere Hennen, nicht aber auf den Hahn; er reagiert darauf mit Schimpfen (»pok, goläh, pok, pok, goläh«). Auch Hennengakkern von einer Tonbandschleife löst beim Hahn höchstens kurzes Schimpfen aus. Aktiviert man nun bei dem Hahn ein Reizfeld für Gackern, so zeigt es sich, daß doch auch seine Gackerschwelle absinkt, wenn er gleichzeitig Tonbandgackern hört, und zwar: je lauter das Tonband, um so niedriger die Reizschwelle. Wir können somit Gackern und Schimpfen verwandte (alliierte) Reaktionen nennen; sie gehen ja in der Tat häufig ineinander über, so im Falle von Abb. 25 a.

## Komplexe Verhaltensfolgen; das Postulat niveau-adäquater Terminologie

Wir haben uns bisher meist an einfache Verhaltensakte gehalten und werfen nun noch einen genaueren Blick auf daraus zusammengesetzte Verhaltensfolgen.

Daß man aus einem Reizfeld mit steigender Reizspannung sehr oft verschiedenes Tun auslösen kann, wurde schon erwähnt (Abb. 4 unten). Aus mannigfachen und wechselnden derartigen Bewegungsfolgen und Mischungen hebt sich ein Typus durch vier Merkmale deutlich heraus: 1. die Reihenfolge der Bewegungsakte ist nicht vertauschbar; 2. man bekommt die Folge (meist) auch bei konstanter mittlerer Reizspannung zu Gesicht; 3. die Bewegungsfolge wird vom Kenner als *natürlich* angesprochen; 4. sie dient insgesamt *einem* bestimmten Zweck. Wir schließen daraus, daß es hier ein und dieselbe gereizte Struktur ist, die einen Drang aktiviert, mit dessen Ansteigen die Teilakte, ihren individuellen Schwellen entsprechend, gestaffelt sichtbar werden[9]. Wir besprechen einige Fälle.

Ein bestimmtes Reizfeld bewirkt bei einem Hahn zunächst Blinzeln des linken Auges; bei anhaltendem (oder verstärktem) Reiz tritt dazu gelegentliches Kopfschütteln, dann Abwischen des Kopfes an der Schulter, schließlich Kratzen der linken Wange mit dem Fuß. Kopfschütteln und Kratzen wiederholen sich bei längerer Reizdauer mehrmals. Es sieht so aus, als würde

[9] Eine von hervorragenden Tierkennern (Whitman, Heinroth, Lorenz) seit langem vertretene Ansicht.

*Abb. 28 Aktivierung einer Verhaltens*folge *von einem Reizfeld. Das Tun bezweckt insgesamt die Entfernung von etwas Widerlichem aus dem Schnabel. Die mit • bezeichneten Einzelakte können von anderen Reizfeldern auch isoliert in Erscheinung treten.*

der Hahn von einer unsichtbaren Fliege belästigt. Einen anderen Fall zeigt Abb. 28. Die ganze Bewegungsfolge imitiert hier die Ekelreaktion auf eine versehentlich aufgenommene Wanze; das Schnabelabwischen *nach* Reiz*ende* ist der sinnvolle Abschluß der Reinigung.

In diesen beiden Fällen wird man vermuten, daß eine aus der Wange oder Mundhöhle aufsteigende zentrale Bahn im Reizfeld liegt. Abb. 29a und Abb. 30a geben Beispiele für Fluchtverhalten vor einem (nicht vorhandenen) Bodenfeind oder Luftfeind. Hier wird das Reizfeld in der Nähe »höherer« Bahnen liegen, deren Aktivierung nicht das physiologische Korrelat einer Empfindung, sondern einer gestalteten Halluzination bewirkt. Andere Fälle entsprechen der Aktivierung bestimmter Körperbedürfnisse: Abb. 31 zeigt die Verhaltensfolge des Einschlafens, also die Wirkung des »Schlafdranges«. In die gleiche Kategorie gehört das Aktivieren der Suche nach Wasser mit anschließendem Trinken oder Suche nach Futter mit Fressen oder etwa (beim Hahn) der Suche nach einem verdeckten Platze und Einschlüpfen mit anhaltendem leise knarrendem Lockruf: »Zu-Neste-Führen« einer Henne.

Bei all solchen komplexeren Handlungen treten die Teilakte in bestimmter Folge in Erscheinung; das bedeutet aber nicht, daß kein Element der Bewegungsfolge ausfallen kann. Beim Fluchtverhalten können sogar alle Teilakte außer dem letzten wegfallen. Das geschieht z. B., wenn der Reiz plötzlich und stark ist (Abb. 29b) oder wenn eine gleichzeitig kräftig aktivierte andere Tätigkeit, z. B. das Sitzen, alles außer dem letzten Teilakt verhindert (Abb. 30b). Die Henne verhält sich dann wie ein fest auf dem Nest sitzender, erst im letzten Moment der Gefahr davonspringender Vogel.

*Abb. 29 a Verhaltensfolge der Bodenfeind-Flucht bei langsam ansteigendem (oder konstantem, mäßig starkem) Reiz eines Feldes; b die Reaktion bei plötzlichem, starkem Reiz.*

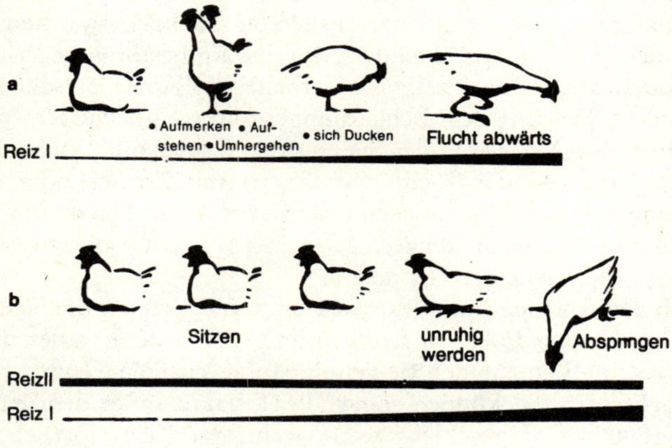


*Abb. 30 a Verhaltensfolge der Luftfeind-Flucht bei langsam ansteigendem Reiz eines Feldes (I); b das gleiche bei zusätzlicher Reizung eines zweiten Feldes (II), das Sitzen verursacht.*

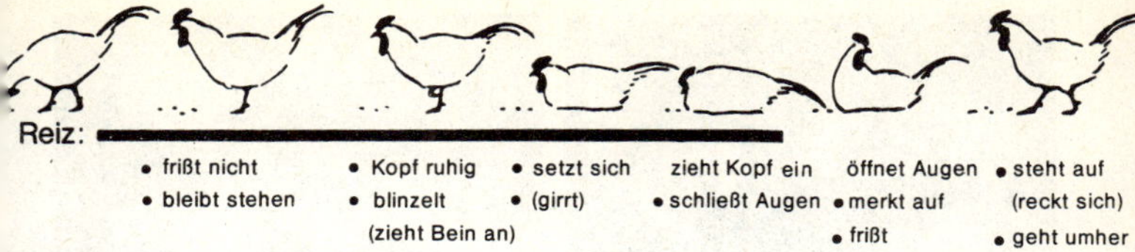


*Abb. 31 Verhaltensfolge bei Schlafreiz und (nach Reizende) beim Wiederaufwachen. Das eingeklammerte Tun tritt nur gelegentlich auf. Die mit • bezeichneten Elemente der Folge erhält man aus anderen Reizfeldern isoliert. (Das »Girren« ist ein leiser Warnlaut: »Schlaft noch nicht zu fest!«)*

Man kann komplexe Verhaltensfolgen nach verschiedenen Gesichtspunkten ordnen. Ob ihre Auslösung durch das physiologische Korrelat einer Empfindung, einer Halluzination oder eines Körpergefühls (wie Hunger oder Müdigkeit) geschieht, ist nur *ein* möglicher Aspekt. Ein anderer Gesichtspunkt ist, wie weit oder wie vollständig sie ohne die passende äußere Situation ablaufen. Vollständiges Fluchtverhalten erhält man leicht selbst in völlig vertrauter Umgebung. Vollständig ist auch das Verhalten eines Hahnes, der mit steigendem Reiz erst gespannt in die Ferne, dann ängstlicher in die Nähe und neben sich blickt und der schließlich nach der Gegenseite wegspringt – gerade so, als wäre eine Ratte vorbeigelaufen. Bei der Henne kann man aus einem Reizfeld naturgetreu das Verhalten »Verteidigung von Küken gegen einen Habicht« mit Flügelwölben, Federsträuben, Umherlaufen auf engen Kreisen und gellendem Schreien auslösen; lebende Küken, welche die betreffende Henne sonst hackt, werden schon bei schwacher Aktivierung dieses Reizfeldes freundlich geduldet.

Das sind Beispiele für das eine Extrem: für »Leerlaufaktionen«. Anderes Verhalten kommt zwar auch im Leerlauf vor, ist aber intensiver, wenn das passende Objekt geboten wird; das gilt für den »Kratzfuß« des Hahnes (Abb. 20) in Abwesenheit oder Gegenwart einer Henne. Schließlich gibt es Verhaltensfolgen, die wir im Leerlauf bisher überhaupt nicht beobachteten, wie beim Hahn den Angriff gegen einen Rivalen oder einen Feind, bei der Henne das Federn-Ausrupfen und Hacken einer sozial tieferstehenden Henne. Sie fordern zum mindesten eine passende Attrappe als Bezugsobjekt und laufen um so ausdrucksvoller ab, je besser die Attrappe ist. Abb. 32a gibt als Beispiel den Angriff eines Hahnes auf einen ausgestopften Iltis. Fehlt dieser Iltis, so ist das Gesicht des Pflegers das nächstbeste Objekt –

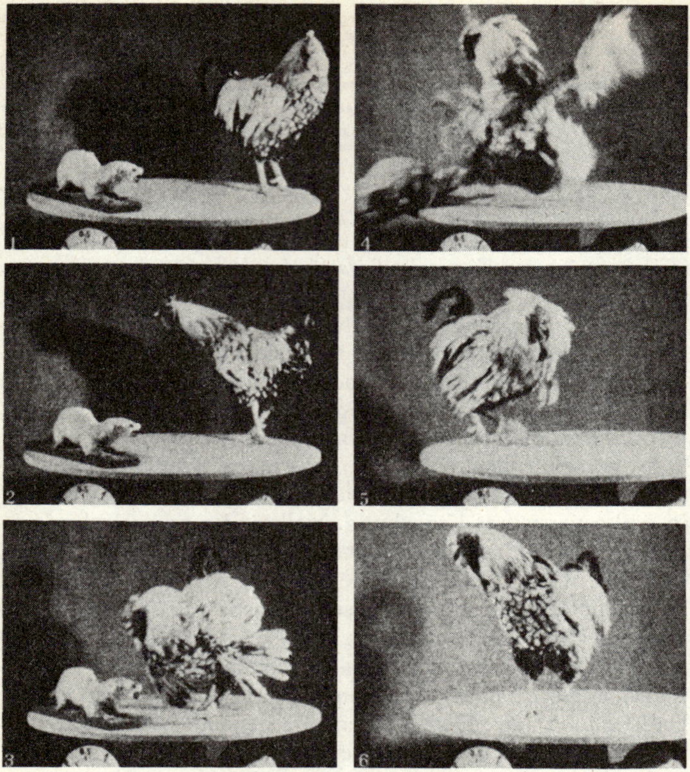

*Abb. 32 a Hirnreizbedingter Angriff auf ausgestopften Iltis. 1. Vor dem Reiz steht der Hahn gleichgültig abseits. 2. Reizbeginn, Sichern zum Iltis. 3. Stärkerer Reiz (0,2 V), volle Wuthaltung. 4. Gleich danach Sporenattacke. 5. Die Wutstimmung hält noch an. 6. Nach Reizende triumphierender Wachruf (»Donnerwetter«).*

nicht seine Hand, denn diese hat Hennenmerkmale (Abb. 32b). Fehlt auch dieses Objekt, so sieht man bestenfalls eine Drohgeste ins Leere.

Es ist nun sehr bemerkenswert, daß alle komplexen Verhaltensfolgen aus Teilakten bestehen, die man von *anderen* Reizfeldern auch *isoliert* auslösen kann. In den Abb. 28–31 sind solche auch isoliert erhaltenen Teilakte jeweils durch Punkte bezeichnet. Verglichen mit ihren Erscheinungsformen in der ganzen Folge haben so »herausgeschnittene« Bewegungselemente oft automatenhaften Charakter: Das *nur* gackernde Huhn wird gleichsam zur Gackermaschine; der Hahn, der beliebig lange pendelndes Zielen des Kopfes zeigt, wie es bei der Flucht nur kurz vor dem Abflug erscheint, oder der Hahn, der aus dem ganzen Hungerverhalten allein pausenlos im Leerlauf das Schnappen und Schlucken zeigt – und zwar so, als ob mit Reizanstieg die Brocken größer würden – sie sehen alle aus, als wären sie zu sinnlosem Tun verhext! Dieser Eindruck ist immer dann stark, wenn die Gleichförmigkeit groß ist, Umstimmung und Adaptation aber gering sind.

Stellt man die isolierbaren Teilakte aus allen höheren Verhaltensfolgen zusammen, so ergibt sich, daß viele solche Einzelakte in ganz verschiedenen Bewegungsfolgen vorkommen. Sitzen z. B. kann Teil des Schlafens oder Brütens sein oder aber »reines« Sitzen. Gackern und Kot-Absetzen begleiten verschiedene Verhaltensweisen, die das Kennzeichen ängstlicher Gespanntheit besitzen; Schimpfen ist Zeichen der Entspannung nach der Flucht wie nach der Eiablage; Aufmerken, Aufstehen und Lau-

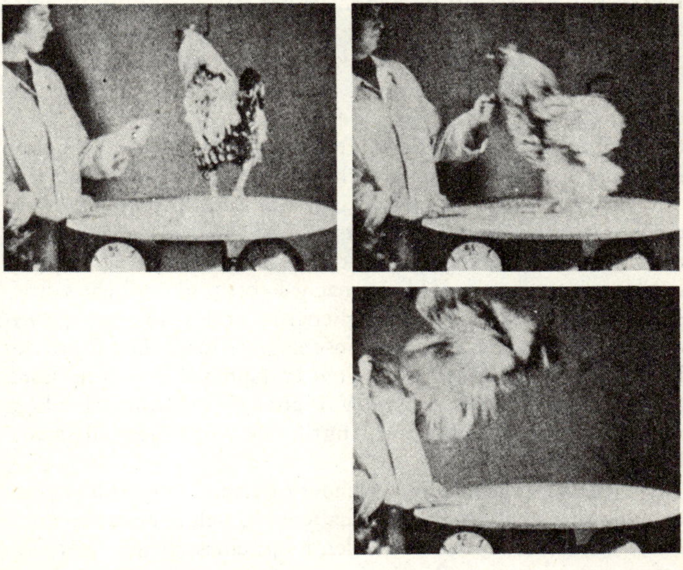

*Abb. 32 b Das gleiche wie a; der zögernde Angriff geht in das Gesicht der zurückweichenden (sonst befreundeten) Pflegerin. Nach der Attacke fehlt hier die Triumphstimmung.*

fen sind zahlreichen Verhaltensfolgen gemeinsam; unbewegtes Geducktstehen kann zum Luftfeindverhalten gehören (Starre) oder Demutsgeste vor einem stärkeren Rivalen sein. Selbst Futterpicken am Boden kann noch entweder Element des Hungerverhaltens oder Element des Rivalenkampfes sein, wo es als Drohgeste auftritt (»Übersprungpicken«); für beide Fälle haben wir Reizfelder gefunden, im zweiten Fall folgt sofort Rivalenkampf, wenn man einen anderen (selbst stärkeren!) Hahn dazusetzt.

Die Tatsache, daß bestimmte Einzelakte als Teilstücke zu völlig verschiedenen Drängen (und Stimmungen) gehören können, ist theoretisch wichtig. Sie zwingt uns, in jedem Fall die *höchste zusammenfassende Einheit* zu suchen und zu *benennen*, die das Reizfeld aktiviert. Denn wenn die Terminologie die zusammenfassende Leistung des ZNS nicht widerspiegelt, ist die Konstruktion des Wirkungsgefüges von vornherein unmöglich gemacht! Dieses Postulat der *niveauadäquaten Terminologie* sei an einem Beispiel noch etwas näher erläutert. Eine häufige Reaktion ist die allgemeine motorische Unruhe. Erst langsam haben wir gemerkt, daß diese Unruhe sich meist auf etwas ganz Bestimmtes bezieht. Man muß die Umwelt in allen möglichen Richtungen variieren, um das eigentliche Ziel der Aktivität zu erfahren. Im Versuch von Abb. 33 blieben Artgenossen und verschiedene weitere Objekte unbeachtet; die vorgehaltene Faust löste leichtes Drohen aus. Ein ausgestopfter, am Tisch fixierter Iltis aber, *zusammen* mit dem Reiz, bewirkte sofort heftiges Drohen und Attacke. Also handelt es sich hier um Angriffstendenz gegen einen Artfeind? Nein, der Terminus ist noch zu tief gegriffen; denn wenn der Reiz über die Attacke hinaus andauert, so stutzt die Henne einen Augenblick, macht kehrt und entflieht schreiend. Die »Härte« des (unbeweglichen) Feindes, aber nur *zusammen* mit dem Hirnreiz, ergibt Umschlag in Flucht. Der für dieses Feld adäquate, alle Möglichkeiten enthaltende Ausdruck muß also etwa lauten: »Bodenfeind-Verhalten« – zur Unterscheidung von anderen Feldern, die nur Angriff oder nur Flucht allein auslösen können.

Die Bewegungsunruhe, welche im Beispiel von Abb. 33 einleitendes Element des Feindverhaltens ist, zielt in einem anderen Fall beim Hahn auf nichts als den Kopf eines Artgenossen, der sofort gehackt wird (Rivalenkampf), in einem dritten Fall auf Wasser, das getrunken wird (Durst), oder auf ein Versteck, in das gelockt wird (Zu-Neste-Führen) usw. Würde man sich im-

*Abb. 33 Auslösung von Bodenfeind-Verhalten. Die gereizte Henne zeigt ohne passendes Bezugsobjekt Bewegungsunruhe, vor der Faust nur leichtes Drohen (a). Ein ausgestopfter unbeweglicher Iltis wird stark bedroht und attackiert; endet der Reiz in diesem Moment, so bleibt sie leicht drohend stehen (b); endet er nicht, so stutzt sie und flieht schreiend (c). (Nach Filmstreifen.)*

mer mit der Feststellung von »Bewegungsdrang« begnügen und nun versuchen, dessen Beziehung zu anderem Verhalten zu studieren, so wäre die Aussicht auf verstehbare Zusammenhänge gering, da es sich ja in Wirklichkeit um die verschiedensten Ziel- oder Appetenzverhalten handelt! Und das gleiche gilt für alle Bewegungen, die einmal »rein«, ein anderes Mal als Teilaktionen dieses oder jenes höheren Dranges auftreten können.

## Ein Fragment des Wirkungsgefüges

Bis zur Konstruktion des ganzen mehrdimensionalen Wirkungsgefüges liegt die längere Wegstrecke noch vor uns. Wir begnügen uns hier mit einem kleinen Ausschnitt, um eine mögliche Art des Vorgehens zu zeigen. Die Aufgabe sei nur, einige Verhaltensweisen zu ordnen, die ein übereinstimmendes Element enthalten, das Gackern.

Ausgangspunkt ist der in Abb. 16e schon skizzierte Versuch mit zwei Reizfeldern, die »reines« Gackern ergeben (Abb. 34a *R 1*, *R 2*). Danebengestellt wird das Resultat eines zweiten entsprechenden Experiments, welches sich vom vorigen nur darin

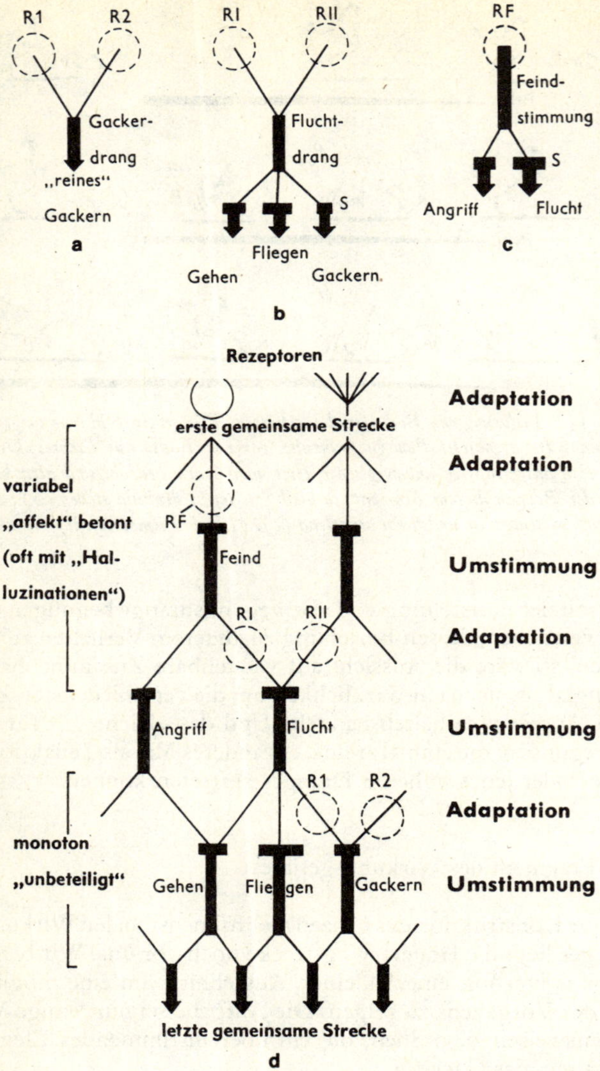


*Abb. 34 Skizze eines Bruchstücks aus dem Wirkungsgefüge einiger Verhaltensweisen des Huhnes. Erläuterung im Text.*

unterscheidet, daß hier Gackern ein Teilakt der Flucht ist, wobei mit steigendem Drang – wir vereinfachen etwas – Gackern, Umhergehen und Abfliegen aufeinander folgt (Abb. 34b, *R I*, *R II*). Diese Folge interpretieren wir mit verschiedenen Schwellen der Einzelakte gegenüber dem übergeordneten gemeinsamen Fluchtdrang, was die Abb. 34b durch verschieden lange Querstriche *(S)* verdeutlicht. Schließlich ziehen wir noch einen Versuch heran, bei dem, hier nur von einem Reizfeld (Abb. 34c, *RF*) Drohen und Angriff bei schwächerem, Flucht (mit allen ihren Komponenten) bei stärkerem zentralem Reiz sichtbar wird[10]; was wiederum mit verschiedenen Schwellen für den gleichen Drang des Feindverhaltens erklärt wird. Wir haben also drei Stufen der Zusammenfassung vor uns, deren gegenseitige Einordnung nicht zweifelhaft ist; Abb. 34 d zeigt sie[11]. Das »reine« Gackern liegt am nächsten der Motorik, der »letzten gemeinsamen Strecke«, wie Sherrington sie nannte. Das Feindverhalten liegt am nächsten der Sensorik, die wir »erste gemeinsame Strecke« nennen können. Denn so wie ein bestimmter Muskel in verschiedenen Reaktionen tätig wird, dient ja auch ein Sinnesorgan der Auslösung verschiedener Verhaltensweisen.

Schon diese grobe Skizze (Abb. 34d) zeigt einiges Interessante. Man sieht, daß im ganzen ein Netzwerk entsteht, wie die Plastizitätslehre es fordert, jedoch ist es ein Netz *spezifischer* Wirkungen. Man erkennt ferner, daß allem Anschein nach Adaptation und Umstimmung wiederholt in verschiedenen Schichten des ZNS vorkommen. Und schließlich wird deutlich, daß näher zur Motorik gelegene Strukturen starre Reaktionen in Gang setzen, näher zur Sensorik gelegene Strukturen dagegen Bewegungsfolgen, an denen das Tier »als Ganzes« beteiligt erscheint.

## Rückblick zum Lokalisationsproblem

Wir haben zu Beginn einige Tatsachen erfahren, welche die Lokalisation von Leistungen im ZNS problematisch machen: 1. Ein Reizfeld erscheint zeitweise »stumm«, zu anderer Zeit aber aktiv; 2. aus einem Felde können im Lauf von Stunden wech-

[10] Anthropomorph gedeutet: Mit der Reizstärke nimmt des Feindes Gefährlichkeit zu.

[11] Daß das Reizfeld R I, welches Gackern erzeugt, gerade in den vom Fluchtdrang kommenden Weg gezeichnet ist, beruht auf Willkür; es könnte auch irgendeine andere Zuleitung sein, jedoch auf gleichem Niveau. Dasselbe gilt für R I, denn Fluchtdrang wird nicht nur durch Feinde aktiviert.

selnde Verhaltensweisen aktiviert werden; 3. gleiches Tun ist häufig aus räumlich auseinanderliegenden Feldern auszulösen.

Der aufmerksame Leser wird bemerkt haben, daß diese drei Phänomene jetzt physiologisch zu verstehen, ja zu fordern sind.

1. Es ist zu erwarten, daß Reizfelder reaktionslos bleiben, wenn spontan ein dominierendes Verhalten (und sei es nur wenig) aktiviert ist, wie etwa Starre oder Fluchttendenz, wodurch anderes Tun unterdrückt wird. Der Ausdruck, das Reizfeld sei »stumm«, ist freilich inkorrekt, da das Feld wohl erregt, die entstehende Aktivität aber anderswo blockiert ist. 2. Um den Wechsel von Reaktionen aus ein und demselben Feld zu verstehen, ziehen wir zwei Erscheinungen heran: die unsichtbar bleibende Fortleitung von Erregungen aus dem Reizort (vgl. Abb. 16d) und das enorme Variieren der individuellen Verhaltensschwellen durch Umstimmung und Adaptation mit seinen Folgen für die Dominanzverhältnisse in Konfliktsituationen. Nimmt man den gewiß häufig vorkommenden Fall an, daß in einem Reizfeld Strukturen (z. B. Bahnen) liegen, die zu verschiedenen neuromotorischen Systemen gehören und die alle zugleich – unsichtbar! – erregt werden, so folgt notwendig, daß nicht im Reizfeld, sondern *irgendwo* anders durch die in diesem Moment bestehende dynamische Gesamtsituation entschieden wird, welches Tun sichtbar werden muß. 3. Daß gleiche Reaktionen aus verschiedenen Feldern zu aktivieren sind, folgt zu einem Teil aus dem Umstand, daß so viele Bewegungsakte Elemente ganz verschiedener höherer Verhaltensfolgen sind; man wird daher erwarten, daß von verschiedenen Orten Bahnen zu einem solchen neuromotorischen Apparat hinführen. Zum anderen Teil ist diese lokalisatorische Streuung aber gewiß ein Kunstprodukt, entstanden durch Nichteinhalten einer niveauadäquaten Terminologie. Wenn z. B. alle Reizorte, aus denen »Bewegungsdrang« aktivierbar ist, dieses Etikett erhalten, gleichgültig ob es sich tatsächlich um »reine« motorische Unruhe oder um Durst-, Hunger-, Mist-, Rivalenkampf- oder Feindverhalten handelt – das nicht sichtbar werden kann, weil das äußere Bezugsobjekt fehlt –, so *muß* ja die lokalisatorische Streuung viel *größer scheinen*, als sie tatsächlich *ist!* Wir dürfen Sich-Setzen, Aufstehen, Gehen, Aufmerken, Gackern, Kot-Absetzen, Drohen usw. im konkreten Fall »rein« nennen, wenn weder Reizanstieg auf ein Mehrfaches des Schwellenwertes noch Variation aller Außendaten etwas anderes sichtbar werden läßt. Die Frage bleibt aber sehr häufig offen, z. B. wegen Störung durch benach-

barte mitgereizte Strukturen; derartige, nicht sicher definierte Reizorte sind folglich für die Lokalisation wertlos.

Aus dem Gesagten ergeben sich bestimmte Vorsichtsmaßregeln für künftige Lokalisationsversuche von selbst; der daran Interessierte kann sie leicht ableiten. Es ist unsere Überzeugung, daß die immer noch rätselhafte Beziehung zwischen Funktion und Struktur viel klarer werden muß, wenn man diese Regeln beachtet.

## Schluß

Vielleicht ist dem Leser deutlich geworden, daß die Konstruktion eines Wirkungsgefüges der Stammhirnfunktionen wohl ein schwieriges, doch kein hoffnungsloses Unternehmen ist. Freilich können dabei monistische Lehren, welche »die« Funktion des ZNS nach einem Rezept »erklären« wollen, nichts helfen. Um so mehr rücken wir aber nun mit Denkart und Ausdrucksweise in die Nähe differenzierter humanpsychologischer Lehren. Es ist zu hoffen, daß bei näherem Kontakt die menschliche Psychologie und die Physiologie des Verhaltens voneinander lernen: jene, mit welchen physiologischen Mechanismen auch beim Menschen zu rechnen ist, diese, wie man eine feinermaschige, der Wirklichkeit besser angepaßte Terminologie gewinnt. Daß sich dabei »Anthropomorphismen« in die Verhaltensphysiologie einschleichen könnten, brauchen wir nicht zu befürchten. Wohl aber könnte deutlich werden, wie »theriomorph« der Mensch ist.

# Nachwort

## *Zur Problematik des Zentralnervensystems*

Wie funktioniert das Gehirn? Wie verarbeitet es Sinneseindrücke? Wie steuert es das Verhalten?

Diese Fragen gehören wohl zu den aufregendsten der Biologie, zu jenen, die über den Rahmen des wissenschaftlichen Faches hinaus von fundamentalem Interesse sind.

Bei den Wirbeltieren machen Gehirn und Rückenmark zusammen das Zentralnervensystem aus. Die Gliedertiere, zu denen der Regenwurm und die Tausendfüßler gehören, besitzen als entsprechendes Organ ein auf der Bauchseite gelegenes Strickleiter-Nervensystem mit gehirnartigen Verdickungen in der Kopfregion. Anatomisch und histologisch ist das Nervensystem von erstaunlich homogenem Bau. Nur ein Typ von Zellen stellt in verschiedenen Abwandlungen das funktionell wichtige Element dar: das Ganglion. Das Charakteristische des Ganglions sind seine merkwürdigen faserartigen Fortsätze, von denen es zwei Arten gibt: die Dendriten und das Axon. Die Dendriten sind die Antennen der Nervenzelle, das Axon ist das erregungsleitende Kabel. Das ganze Zentralnervensystem ist nichts anderes als ein Netzwerk solcher Zellen. Die Leistungen dieses rätselhaften Gespinstes sind dagegen außerordentlich vielfältig. Die Wahrnehmung komplexer Reizsituationen, die Orientierung im Raum, Gedächtnisleistungen und Bewegungsweisen, all das steuert und koordiniert mit äußerster Präzision das Zentralnervensystem.

Bei der Erforschung anderer Organsysteme hat es sich oft bewährt, vom Feinbau des Zellgewebes auf die Funktion zu schließen. So ließ sich z. B. die Arbeitsweise des Muskels teilweise mit dem Elektronenmikroskop aufklären. Beim Gehirn führte dieser Weg nicht zum Erfolg. Das Gewebe aus Ganglien und Nervenfasern gab das Geheimnis seiner Leistungen nicht unmittelbar preis. Versuche in dieser Richtung gab es genug. So entstand am Anfang dieses Jahrhunderts die Zentrenlehre, die jeder nervösen Leistung ein bestimmtes Hirngebiet zuordnete. Es zeigte sich dann aber, daß kaum einer Funktion ein scharf umschriebener Bereich des Gehirns zukommt und somit die Lokalisation keinen Aufschluß über die Arbeitsweise erbrachte. Heute kennt man den histologischen Bau vieler Hirnteile recht genau, aber selbst den raffiniertesten Anatomen ist es noch nicht gelungen, aus dem genau analysierten Faserverlauf der einzelnen Ganglientypen eines Hirnteils die Arbeitsweise zu erschließen. Man weiß zwar, *was* die verschiedenen Gebiete des Zentralnervensystems leisten, aber nicht, *wie* sie es machen.

Der andere Weg, die Arbeitsweise des Nervensystems zu entschlüsseln, war der physiologische. Auf der Suche nach Gesetzmäßigkeiten möglichst einfacher Art fand man den Reflex. Ein Reflex ist die direkte

Verschaltung eines bestimmten Reizes mit einer bestimmten Reaktion, wie der Hustenreflex, der Kniesehnenreflex oder der reflektorische Speichelfluß beim Anblick von Nahrung. Reflexe waren jederzeit reproduzierbar und daher ein erster Ansatz zur Erforschung zentralnervöser Funktionen. Die Entdeckung des bedingten Reflexes, den man experimentell hervorrufen kann, bot die Möglichkeit, elementare Mechanismen des Lernens zu studieren. Die Reflexforschung hat viele, auch quantitative Ergebnisse erbracht. Ihre sensationellen Erfolge führten viele Physiologen zu der Überzeugung, man könne jegliche zentralnervöse Leistung als Reflex verstehen. Im Reflex sah man das Grundprinzip allen Verhaltens selbst dort, wo ein kompliziertes Gebäude an Zusatzhypothesen notwendig war, um eine plausible Erklärung zu liefern. Dadurch übersah man, daß die Reflextheorie ungeeignet war, einen Einblick in das Geschehen höherer Leistungen wie die Koordination der Bewegungen oder die Orientierung im Raum zu geben.

Erich von Holst war es, der an dieser Stelle mit völlig neuen Methoden und einer undoktrinären Denkweise andere Wege beschritt, und der zeigen konnte, daß der Reflex nur einen Teilaspekt der Vorgänge im Nervensystem darstellt. Er war der Entdecker der Automatismen und Regelkreise, mit Hilfe derer man viel besser verstehen konnte, wie das Verhalten eines Tieres funktioniert. Reflexe sind meist nur Artefakte des Gesamtgeschehens.

### *Der wissenschaftliche Weg Erich von Holsts*

Hier ein kurzer Überblick der Themen, die Erich von Holst im Laufe seines Lebens bearbeitete: Er begann 1932 in seiner Dissertation mit der Analyse der Bewegungsweise des Regenwurms. Die Kriechbewegungen des Regenwurms bestehen aus Kontraktionen, die wellenförmig von vorn nach hinten über den Wurmkörper laufen. Die Entstehung dieser Kontraktionswellen stellte man sich gemäß der Reflextheorie als Kette von Reflexen vor: Die Muskelkontraktion eines Wurmringes verursacht reflektorisch die des nächsten. Von Holst konnte diese Hypothese überzeugend widerlegen, wie er im ersten hier abgedruckten Aufsatz kurz beschrieben hat. Er entdeckte die einem solchen regelmäßigen Ablauf zugrundeliegende Automatie, eine spontane rhythmische Aktivität des Nervensystems, die auch ohne afferente Erregung aus der Peripherie weiterläuft. Es folgten Arbeiten über die Bewegungskoordination von Hundertfüßlern (Chilopoden: Lithobius und Geophilus) und schließlich bei Fischen. Die ständige Vervollkommnung seiner Untersuchungs- und Registriermethoden gipfelte während seiner Tätigkeit an der Zoologischen Station in Neapel (1934–1936) in der Entdeckung der relativen Koordination.

Während des Zweiten Weltkrieges war er Assistent am Zoologischen Institut in Göttingen. In dieser Zeit beschäftigte von Holst ein gänzlich anderer Problemkreis: die Aerodynamik des Tierfluges. Es ging vor allem um biologische Fragen; im Hintergrund stand aber auch ein anderer Aspekt: Gibt es eine Möglichkeit, die im Laufe der Evolution entstandenen optimalen Flugarten der Vögel und Insekten technisch für den Flugzeugbau zu nutzen? Von Holst analysierte, durch welche Feineinstellungen der Vogel in der Lage ist, mit auf- und abschlagenden Flügeln relativ gleichmäßigen Vor- und Auftrieb zu erzeugen. Um die Richtigkeit seiner Ergebnisse zu beweisen, baute er künstliche Vögel, die durch Gummimotoren angetrieben wurden. Sie waren aus Papier und leichten Holzstäben und ahmten den Schwingenflug des Vogels mit verblüffender Vollkommenheit nach. In größerem Maßstab ist die Flugart der Vögel für den Flugzeugbau jedoch nicht nutzbar, denn sie erfordert einen zu großen Aufwand an mechanisch beweglichen Teilen. Von Holst klärte auch endgültig die Frage nach der Flugmöglichkeit des Menschen durch handbetriebene Schwingen – der Traum Otto Lilienthals. Dieser uralte Wunsch der Menschheit ist nicht realisierbar, weil das Verhältnis von Körpergewicht zu optimal einsetzbarer Muskelkraft beim Menschen viel zu ungünstig ist. Vögel besitzen eben in Relation zur Kraft ihrer Flügel ein sehr geringes Körpergewicht. Eine Möglichkeit technischer Anwendung ergab sich aus der Analyse des Libellenfluges. Hieraus entwickelte von Holst 1941 einen rotierenden Triebflügel, der es einem Flugkörper möglich machen sollte, senkrecht zu starten und zu landen und in der Luft zu stehen, wie es heute unter anderem in Hubschraubern verwirklicht ist. Seine Kenntnisse der Aerodynamik benutzte von Holst später, um die Flugtechnik fliegender Saurier zu rekonstruieren. Er baute auch hier naturgetreue flugfähige Modelle und zog daraus Schlüsse auf die Lebensweise dieser ausgestorbenen Tiere.

Die Biophysik des Tierfluges und die fliegenden Modelle haben Erich von Holst damals auch unter Nichtbiologen berühmt gemacht, dennoch haben seine Entdeckungen auf dem Gebiet des Zentralnervensystems für die Biologie weit größere Bedeutung. Nach dem Zweiten Weltkrieg, 1946, wurde von Holst zum Ordinarius für Zoologie in Heidelberg ernannt. Als er 1948 Abteilungsleiter des Max-Planck-Instituts für Verhaltensphysiologie in Wilhelmshaven wurde, wandte er sich diesen Forschungen wieder zu, wenn auch auf einem völlig neuen Sektor. Er untersuchte die Gleichgewichtsorientierung der Fische und löste das Rätsel der Arbeitsweise des Statolithenapparates, das der Anlaß vieler widersprüchlicher Theorien gewesen war. Theoretische Überlegungen über die zentralnervöse Verarbeitung von Sinnesreizen waren der Ausgangspunkt für die Entdeckung des Reafferenzprinzips und der Anlaß zu weiteren sinnesphysiologischen Experimenten, auch am Menschen. In den letzten Jahren seines Lebens machte von Holst einen dritten Ansatz zur Erforschung des Zentralnervensystems: er unternahm Hirnreizversuche an Hühnern.

Auf jedem der genannten Forschungsgebiete machte von Holst entscheidende und völlig unerwartete Entdeckungen. Jedes seiner Ergebnisse stellte die exakte Kausalanalyse eines biologischen Systems dar und führte zu neuen Einsichten in die Grundlagen des Verhaltens.

Obwohl diese Erkenntnisse das Wissen gründlich vertieften und alte Theorien widerlegten, widerstand Erich von Holst der Versuchung, selbst neue Theorien zu entwerfen. Im Gegenteil: Er verwarf jede verfrühte Verallgemeinerung und betonte, das Nervensystem sei eine »hierarchische Ordnung vieler sehr heterogener Einzelapparate«, und man müsse an jeden einzelnen Apparat mit speziellen Arbeitshypothesen herangehen. Verfrühte Theorien könnten wie ein Dogma wirken und den Fortschritt der Wissenschaft blockieren.

### *Aktive Eigenleistungen des Zentralnervensystems*

Es ist in der Tat ungewöhnlich, daß ein Naturwissenschaftler auf so verschiedenen Forschungsgebieten erfolgreich arbeitet, wie von Holst es tat. Aber sieht man einmal von den flugbiologischen Untersuchungen ab, so zeigen von Holsts Arbeiten doch wesentliche gemeinsame Tendenzen. Sie alle zielen darauf ab, die Arbeitsweise des Nervensystems auf einer höheren Integrationsebene zu durchschauen, als es bis dahin möglich war; sie konnten daher auch eine Reihe alter Kontroversen und Mißverständnisse aus dem Weg räumen. Die Ergebnisse zeigen in immer wieder anderer Form die aktiven Eigenleistungen des Zentralnervensystems. Auf dem Gebiet der Motorik sind es die spontanen automatisch-rhythmischen Entladungen, die in gesetzmäßiger gegenseitiger Beeinflussung die vielfältigen Phänomene der relativen und absoluten Koordination hervorrufen. In der Sensorik spielt bereits bei der Entstehung von Sinnesreizen die Daueraktivität von Sinneszellen eine wichtige Rolle. So fand von Holst, daß die Macula, das dem Statolithen unterliegende Sinnesepithel, eine ständige Ruheautomatie aussendet, die für die Feinregulierung des Gleichgewichts unentbehrlich ist. Auch die zentrale Verarbeitung von Sinnesreizen kann nur dann zu einer erfolgreichen Orientierung im Raum führen, wenn aktive Leistungen des Zentralnervensystems hinzukommen. Das Gehirn muß Wahrnehmung erzeugen und nur objektive und subjektive Wahrnehmung zusammen rufen den Eindruck einer konstanten Umwelt hervor. Nach diesen Entdeckungen war der Versuch von Holsts, die eigentlichen aktiven Funktionen des Gehirns, das Wirkungsgefüge der Triebe, zu studieren, folgerichtig der nächste Schritt. Die elektrische Reizung des Stammhirns von Hühnern zusammen mit einer gründlichen Kenntnis ihres Verhaltens ermöglichte es unter anderem, zentrale Umstimmungsprozesse quantitativ zu verfolgen und damit in das dem Verhalten zugrundliegende Motivationssystem einzudringen.

### *Die Arbeitsmethoden Erich von Holsts*

Allen Arbeiten von Holsts ist eine geniale Experimentiertechnik zu eigen. Er war ungewöhnlich einfallsreich und manuell sehr geschickt;

beides nutzte er zum Ausdenken sinnvoller Experimente und zur Herstellung der dafür notwendigen Apparaturen. Jede seiner Arbeiten enthält nicht nur Entdeckungen, sondern auch experimentiertechnische Erfindungen. Dazu sind seine Apparaturen mit einem Minimum an technischem Aufwand konstruiert.

Auch die Art und Weise, wie Erich von Holst mit seinen Versuchstieren umging, ist erwähnenswert. Es war und ist heute teilweise noch in der Physiologie üblich, ein Tier zunächst zu töten, das zu untersuchende Organ herauszupräparieren und seine Reaktionen im isolierten Zustand zu studieren. Erich von Holst schlug einen neuen Weg ein und kritisierte diese Methode am Beispiel des Labyrinthes so: »Jetzt wissen wir also, wie sich das *isolierte* Organ verhält; aber wir wissen nicht, wie sich das ganze Tier verhält, das einen solchen Bewegungsregistrierapparat in seinem Körper eingebaut besitzt, also was aus diesen Sinnesmeldungen, die vom Labyrinth herkommen, weiterhin wird, wie sie im Nervensystem verarbeitet werden und welches Verhalten des Tieres sie verursachen.« Von Holst war stets darauf aus, Verfahren zu ersinnen, die es dem Beobachter ermöglichten, aus dem aktiven Verhalten eines normalen, weitgehend gesunden Tieres Meßwerte abzulesen, aus denen sich Rückschlüsse auf funktionelle Zusammenhänge ziehen ließen. Er bevorzugte das Experimentieren an intakten und frei sich bewegenden Tieren. Diese Arbeitsweise nannte er Systemphysiologie und stellte sie der oben beschriebenen Organphysiologie gegenüber. Damit schuf er eine neue Forschungsrichtung, die heute ein wesentlicher Bestandteil der Verhaltensphysiologie ist.

Ein weiteres Charakteristikum der Arbeitsweise von Holsts ist die Veranschaulichung der gefundenen komplexen Zusammenhänge an mechanischen Modellen. Nicht nur die schon erwähnten künstlichen Vögel sind hier zu nennen, auch die Gesetzmäßigkeiten der relativen Koordination und die Arbeitsweise des Statolithenapparates ahmte er mechanisch nach. Die Modelle dienten sowohl der Verdeutlichung als auch der Beweisführung des gefundenen Zusammenhanges. »Erkannte Funktionszusammenhänge im Modell nachzuahmen, hat didaktische Bedeutung. Von halbdurchschauten Systemen Modelle zu konstruieren, hat auch heuristische Bedeutung: Das Experimentieren am Modell führt zu experimentell prüfbaren Voraussagen, die zutreffen können oder nicht; so kann sich die Erforschung des biologischen Systems am immer neu entworfenen Modell vorwärtshangeln.« Der Modellbau entsprach im übrigen in hohem Maße seiner Erfindernatur: »Die größte Freude hat mir stets die Nachkonstruktion eines verstandenen Funktionsprinzips mit technischen Mitteln gemacht.«

Das Verzeichnis der Veröffentlichungen Erich von Holsts umfaßt 124 Schriften aus den Jahren 1931 bis 1963[1]. Nicht alle diese Arbeiten sind Veröffentlichungen neuer Forschungsergebnisse. Von Holst war auch stets darum bemüht, neue Entdeckungen zusammenfassend und allgemeinverständlich zu formulieren und einer breiteren naturwissenschaftlich interessierten Leserschaft zugänglich zu machen. So entstand eine Anzahl von Berichten, die zwar nicht den Weg seiner Forschungen bis in die letzten Einzelheiten wiedergeben, dafür aber auch dem Nichtfachmann einen Einblick ermöglichen.

Ein solcher zusammenfassender Bericht ist der erste Aufsatz dieses Bandes: ›Vom Wesen der Ordnung im Zentralnervensystem‹. Der klare und gut verständliche Stil dieser Schrift verdeckt ein wenig die Tatsache, daß in ihr die experimentellen Ergebnisse aus sechs arbeitsreichen Jahren stecken (1932–1937). Zwanzig Veröffentlichungen gingen ihr voraus, die 320 Druckseiten umfassen. Diese Forschungen sind unter dem Schlagwort »relative Koordination« bekannt geworden.

Was ist relative Koordination? Unter Koordination versteht man in der Physiologie das geordnete Zusammenspiel mehrerer Muskeln oder Extremitäten speziell bei der Fortbewegung. Dabei gibt es zwei Extreme, nämlich die absolute Koordination, bei der zwei oder mehr Extremitäten mit der gleichen Frequenz und fester Phasenbeziehung zueinander schwingen, wie es z. B. beim Gehen des Menschen und bei den Gangarten des Pferdes der Fall ist. Auf der anderen Seite kommt völlige Beziehungslosigkeit der Frequenzen vor, so bei manchen Bewegungsweisen von Fischen und beim Menschen im Kältezittern und Parkinsontremor.

Im Übergang zwischen diesen beiden Extremen tritt das auf, was relative Koordination genannt wird: Zwei oder mehr Bewegungsrhythmen haben zwar ihre eigene Frequenz, es läßt sich jedoch ein gesetzmäßiger gegenseitiger Einfluß der verschiedenen autonomen Rhythmen aufeinander nachweisen.

Es gelang von Holst auf erstaunlich einfache Weise, die Bewegungsrhythmen von Fischflossen so exakt aufzuzeichnen, daß er den gegenseitigen Einfluß verschiedener automatischer Rhythmen aufeinander quantitativ verfolgen konnte. Die vielen hundert Meter Bewegungskurven, die er registriert hatte, unterzog er einem selbst entwickelten Auswertungsverfahren. Er erschloß aus der Information, die in den beeinflußten Rhythmen steckt, bis dahin völlig unbekannte Funktionsprinzipien des Fischrückenmarkes. Die wichtigste dieser Entdeckungen ist die Auffindung des Magneteffektes: das Bestreben eines automatischen Rhythmus, einen anderen in seine Frequenz und Phasenlage zu zwingen. Der Magneteffekt ist dafür verantwortlich, daß die Be-

[1] Bernhard Hassenstein hat sie in den von ihm herausgegebenen Gesammelten Abhandlungen ›Zur Verhaltensphysiologie bei Tieren und Menschen‹, Band 2, München 1970 in einer ausführlichen Bibliographie zusammengefaßt (S. 273–278).

wegungen mehrerer Extremitäten in ganz bestimmter Weise voneinander abhängen. Verschiedene Stärken des Magneteffektes erzeugen verschiedene Koordinationsarten, und so läßt sich dieser Mechanismus als das beherrschende Prinzip der zentralen Koordination überhaupt verstehen. Eine mathematische Analyse des Magneteffektes ist inzwischen gelungen, seine physikalische Natur liegt jedoch bis heute im Dunkeln.

Neben den zwanzig Originalveröffentlichungen steht demjenigen, der ein tieferes Verständnis der Phänomene der relativen Koordination erlangen will, eine 1939 erschienene umfangreiche Zusammenfassung zur Verfügung. Sie trägt den Titel ›Die relative Koordination als Phänomen und Methode zentralnervöser Funktionsanalyse‹[2], enthält alle wichtigen Ergebnisse und die Beschreibung eines mechanischen Modelles, das den Magneteffekt imitiert.

Die Entdeckung der zentralen Automatismen und des Magneteffektes bedeutete nicht nur die endgültige Widerlegung der Kettenreflextheorie, sie vermittelte auch erstmals eine Vorstellung davon, wie komplexe Bewegungsweisen im Zentralnervensystem entstehen, wie Handlungsabläufe zentral koordiniert werden. Darin lag ihre epochale Bedeutung für die Grundlagen der Verhaltensforschung.

Es gab noch einen anderen Forscher, der sich mit diesem Problem beschäftigte, jedoch von der Instinktforschung her: Konrad Lorenz, der Begründer der europäischen Verhaltensforschung. Auch er war der Spontaneität des Verhaltens und der zentralen Entstehung von Verhaltensmustern auf der Spur. Er war durch die Analyse instinktiven Verhaltens zu dem Schluß gekommen, daß Kettenreflexe zu einer hinreichenden Erklärung angeborener Bewegungsabläufe nicht ausreichen könnten. Ein Abrücken von der Reflexkettentheorie bedeutete ihm jedoch eine Konzession gegenüber dem Vitalismus. Der Vitalismus war eine naturphilosophische Richtung, die unerklärbare Lebensvorgänge einer geheimnisvollen Lebenskraft, einer vis vitalis, zuschrieb, also dort den Boden der exakten Wissenschaft verließ, wo ein Phänomen noch nicht kausal erklärbar war. Darum lehnten ernsthafte Naturforscher dieses Denken ab. Konrad Lorenz kannte damals bereits die Staubarkeit der Antriebe und die sogenannten Leerlaufreaktionen, alles Hinweise auf eine spontane Reizerzeugung im Zentralnervensystem. Über diese Gedanken und sein Konzept der Instinkthandlung hielt er 1936 einen Einführungsvortrag bei der Kaiser-Wilhelm-Gesellschaft – der heutigen Max-Planck-Gesellschaft – im Harnack-Haus in Berlin: ›Der Begriff des Instinktes einst und jetzt‹. In der letzten Reihe des Zuhörerraumes saß Erich von Holst, glaubte sich an dieser Stelle unbeobachtet und murmelte immer wieder voll Begeisterung vor sich hin: »Menschenskind, es stimmt, es stimmt!« Er brauchte nach dem Vortrag nur wenige Minuten, um Konrad Lorenz davon zu überzeugen, daß er auf dem richtigen Wege sei, wenn er die Kettenreflextheorie ablehne. Die auto-

[2] Erich von Holst: Zur Verhaltensphysiologie bei Tieren und Menschen. Gesammelte Abhandlungen Band 1. München 1969.

matischen Mechanismen im Fischrückenmark waren genau der Befund, der dem Instinktkonzept noch fehlte: ein physiologischer Beweis für die endogene Reizerzeugung und die zentrale Koordination.

Die Begegnung zwischen Erich von Holst und Konrad Lorenz hat wissenschaftshistorische Bedeutung. Sie stellte das bisherige Instinktkonzept auf eine neue Basis und gab den Physiologen die Hoffnung, auch in höherintegrierte Verhaltensweisen systemanalytisch einzudringen. Damals wurde der Plan gefaßt, ein gemeinsames Institut zu gründen, das 1955 unter der Bezeichnung Max-Planck-Institut für Verhaltensphysiologie Seewiesen bei Starnberg Wirklichkeit wurde. Die Aufgabe dieses Instituts war und ist die weitere kausale Analyse instinktiven Verhaltens, sowohl von der Instinktforschung als auch von der Physiologie her.

*Der Weg zur biologischen Kybernetik*

In den drei folgenden Arbeiten, ›Das Reafferenzprinzip‹, ›Zentralnervensystem (Das Muskelspindelsystem der Säuger)‹ und ›Aktive Leistungen der menschlichen Gesichtswahrnehmung‹ kommt eines besonders zum Ausdruck: die funktionelle Betrachtungsweise von Holsts, die in der Biologie neu war und allen seinen Arbeiten in irgendeiner Weise zu eigen ist. Er selbst schreibt über diese Art zu denken: »Wer gewohnt ist, in anatomischen Zentren und Bahnen zu denken, dem ist diese abstrahierende Betrachtungsweise sicher unsympathisch; und wer auf der anderen Seite gewohnt ist, von der Funktion der einzelnen Ganglienzelle, von dem, was an den Synapsen passiert usw. auszugehen, der wird gleichfalls mit dem hier Gebotenen wenig anzufangen wissen. Hier wird in einer anderen Sprache geredet, die sich eher an die Sprache der Regeltechniker anlehnt, die ja auch eine Denkart entwickelt haben, welche unabhängig von dem jeweils verwendeten Material nur das Funktionsprinzip selbst betrachtet. In solch einem komplizierten Gebilde, wie es der Organismus ist, kann man in verschiedenen Ebenen Erkenntnisse gewinnen, und jede Ebene hat ihre eigene Sprache. Wir dürfen hoffen, daß in der Zukunft, wenn wir sehr viel mehr wissen, die Sprache der einen in die Sprache der anderen Ebene übersetzbar wird. Aber im Augenblick sind wir noch nicht so weit. Wir wissen, daß es Funktionssysteme der hier geschilderten Art gibt, aber wir wissen nicht, in welchen Zentren sie liegen und welche Leistungen die einzelnen Ganglienzellen hier vollführen. Daß wir das durch Zusammenarbeit der verschiedenen Methoden eines Tages erfahren werden, erscheint mir allerdings nicht zweifelhaft.«

Von Holst war in diesen drei Arbeiten gemeinsam mit seinen Mitarbeitern auf dem Wege zu einer biologischen Regelkunde. ›Das Reafferenzprinzip‹ wurde 1950 veröffentlicht, zwei Jahre nach dem Erscheinen des berühmten Buches von Norbert Wiener ›Cybernetics‹, das den Untertitel trägt: ›Control and Communication in the Animal and the Machine‹ (Regelung und Nachrichtenübertragung in Lebewesen und Maschine). Norbert Wiener wandte erstmals die Denkmethoden der technischen Steuerung und der Informationstheorie auf biologische Probleme an. Erich von Holst und seine Mitarbeiter kannten dieses Buch Norbert Wieners nicht, sie waren unabhängig davon auf dieselben Ideen gekommen, wie man das in der Geschichte der Naturwissenschaften häufig findet.

Die Kybernetik hat der Biologie außerordentlich fruchtbare Anregungen gegeben. Sie lieferte nicht nur ein neues Begriffssystem zur Erklärung biologischer Zusammenhänge, sie machte auch neue Fragestellungen möglich, weil man nun von in der Technik bekannten Regelmechanismen und ihren Eigenschaften ausgehen konnte. Die Terminologie der Kybernetik und ihre Denkweise (feed-back, Rückkopplung, Sollwert, Information usw.) gehören seither zum Sprachgebrauch der Biologen in allen Spezialgebieten.

Erich von Holst wies in einem Vortrag über biologische Regelung auch darauf hin, welche Bedeutung die Entdeckung von Regelungsprozessen in lebenden Wesen für die Grundlagenproblematik der Biologie hat. Es gab in der Biologie zwei Richtungen, die in einem uralten Streit miteinander lagen. Die Mechanisten vertraten eine analytische Betrachtungsweise und erforschten vor allem die Details lebender Wesen wie z. B. die Zellen und ihre Bauelemente. Die andere Richtung, der Vitalismus, versuchte die Lebensvorgänge des ganzen Organismus zu verstehen und der Tatsache gerecht zu werden, daß alle Lebensprozesse ein erstaunliches Maß an Zweckmäßigkeit zeigen. Da es dieser Richtung an wissenschaftlichen Denkmethoden fehlte, tendierte sie in immer wieder anderer Form dahin, in dem Sinnvollen biologischer Systeme die Wirkung nicht-physikalischer Kräfte zu suchen, etwa eine Entelechie oder eine vis vitalis zu postulieren. Der Vitalismus hatte dank der enormen Fortschritte der mechanistisch orientierten Biologie seine Überzeugungskraft weitgehend eingebüßt. Physik und Chemie hatten gezeigt, daß nur exakte naturwissenschaftliche Methoden Aussicht auf Erfolg hatten und die Annahme einer vis vitalis in das Feld unfruchtbarer Spekulationen gehörte. Die höheren Leistungen biologischer Systeme blieben aber nach wie vor ein Rätsel. Erst die Regeltechnik machte es möglich, in diesen Bereich mit mathematisch-naturwissenschaftlichen Denkmethoden einzudringen. Sie war es, die endgültig zeigen konnte, daß auch zum Verständnis der Regelhaftigkeit und scheinbaren Zielgerichtetheit biologischer Prozesse die Annahme außerphysikalischer Faktoren überflüssig ist. »Wir Biologen haben allen Grund, den Technikern dankbar zu sein, daß sie uns Denkmethoden liefern, die es ermöglichen, systemtheoretische Fragen in der Biologie präzise zu fassen, prüfbare Hypothesen zu entwickeln, Ergebnisse mathematisch zu formulieren und damit endlich zu beweisen, daß auch diese Art der Forschung legitime Wissenschaft ist.« (E. v. Holst)

Zur Ergänzung und zum besseren Verständnis des Reafferenzprinzips sei hier eine kleine Korrektur eingefügt. Die Abb. 4 dieser Arbeit

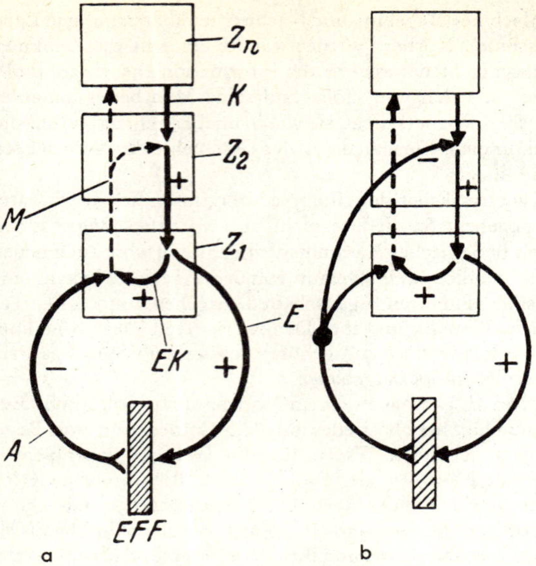


*a. Abb. 4 aus ›Das Reafferenzprinzip‹*
*b. Das von Horst Mittelstaedt korrigierte Schaltbild in einer Darstellung von Bernhard Hassenstein*

stellt ein allgemeines Schema zur Erläuterung des Reafferenzprinzips dar. Horst Mittelstaedt, der Mitautor dieser Abhandlung, entdeckte 1960, daß die Abbildung eine Schaltung enthält, die instabil ist, da sie unter gewissen Umständen zu einem Regelkreis mit positiver Rückkopplung wird. Der zwischen $Z_1$ und $Z_2$ bestehende Schaltkreis dient der Lageorientierung, wenn Efferenzkopie und Afferenz nicht deckungsgleich sind. Ein solcher Fall kann leicht eintreten, wenn Sinneswahrnehmungen durch die Einwirkung äußerer Kräfte verstärkt oder verringert werden, also Einwirkungen auf den Effektor hinzukommen. In diesem Fall funktioniert der Regelkreis, die Störung wird korrigiert. Geht die Störung jedoch von $Z_1$ aus, so führt sie zu einem Aufschaukeln. Eine zu große Efferenzkopie bewirkt, da sie die Afferenz überwiegt, eine weitere Verstärkung der Efferenz, diese wird wiederum verstärkt und das System gerät vollends aus dem Gleichgewicht. Es zeigt sich also, daß das vorgeschlagene Wirkungsgefüge Störungen von außen mit einer sinnvollen Korrektur beantwortet, daß Störungen, die durch mangelhafte Präzision des Apparates selbst entstehen, das ganze System jedoch hoffnungslos funktionsuntüchtig machen. Die Abbildung gibt das von Mittelstaedt vorgeschlagene, jetzt korrigierte Schaltbild in einer Darstellung von Bernhard Hassenstein wieder.

Unter der Bezeichnung »Servomechanismus« wird heute in vielen Lehrbüchern der Physiologie die Funktionsweise des Muskelspindelapparates beschrieben. Selten wird erwähnt, daß Erich von Holst es war, der dieses System als erster durchschaute. Er verwandte ausnahmsweise keine eigenen experimentellen Ergebnisse, sondern griff ausschließlich auf Veröffentlichungen anderer Wissenschaftler zurück und entdeckte dabei wiederum einen Regelkreis. Es handelt sich um eine besondere Art von Regelkreis, der gewissermaßen in ein Steuersystem eingeflochten ist.

In der Sprache der Kybernetik nennt man einen solchen Mechanismus »Folgeregler«. Das Nervensystem sendet seine Meldungen nicht an die Muskulatur direkt, sondern an die Muskelspindeln. Diese sorgen über einen Regelkreis dafür, daß die übrigen Muskelfasern innerviert werden und die Muskelspannung ohne weitere Beteiligung des Zentralnervensystems rein peripher den wechselnden äußeren Widerständen angepaßt wird.

Die Muskelspindel ist also kein Sinnesorgan, sondern ein Regler. Diese Tatsache erklärt, warum sie nicht nur sensible Fasern aussendet, sondern auch motorisch innerviert wird. Neben den sensiblen Fasern der Muskelspindeln treten also zwei verschiedene Typen motorischer Nervenfasern auf (s. S. 76ff.). Diese beiden Arten efferenter Neuronen tragen in den heutigen Lehrbüchern folgende Bezeichnungen: Die Fasern, die die Spindeln motorisch innervieren, heißen $\gamma$-Fasern oder $\gamma$-efferente Neuronen, und diejenigen, die die übrige Muskelmasse versorgen, werden $\alpha$-Fasern oder $\alpha$-Motoneurone genannt.

Die folgende Arbeit ›Aktive Leistungen der menschlichen Gesichtswahrnehmung‹ enthält einen bedeutenden Beitrag zur Wahrnehmungspsychologie. Unsere Sinnesorgane sind keineswegs so vollkommen, wie es den Anschein haben mag. Vielmehr liefern sie uns ein äußerst unvollkommenes Rohmaterial, das erst durch unbewußte Leistungen des Gehirns selbst in die zum Bewußtsein kommenden Eindrücke umgewandelt wird. Wie das Zentralnervensystem das macht oder in anderen Fällen machen könnte, schildert Erich von Holst in diesem Aufsatz. Er enthält die knappe Beschreibung einer Reihe von Experimenten und erklärt einige kybernetische Mechanismen, die unsere Wahrnehmung aktiv beeinflussen. Darüberhinaus bringt von Holst weitere interessante Gedanken und Hypothesen zum Thema der menschlichen Wahrnehmung. Funktionsanalytisches Denken kann auch auf diesem Gebiet erfolgreich sein, auf dem es vorher nur spekulative philosophische Meinungen gab.

### *Stammhirnreizungen an Hühnern*

Die letzte der hier abgedruckten Arbeiten repräsentiert auch das letzte Forschungsprojekt Erich von Holsts: die Stammhirnreizung von Hühnern. Dies war ein neuer Versuch, offene Fragen des Lorenz-von Holstschen Instinktkonzeptes zu lösen, die Frage nach der Natur der endogenen Erregungsbildung und ihrer Dynamik. Die Existenz von Antrieben läßt sich aus vielen Experimenten indirekt erschließen. Es handelt sich um spezifische Handlungsbereitschaften, wie Konrad Lorenz sie nennt, die jeder Instinkthandlung eigen sind. Viele Beobachtungen sprechen dafür, daß sich diese Antriebsenergien durch endogene und spontane Erregungsproduktion anhäufen. Die dafür verantwortlichen Strukturen liegen aller Erfahrung nach im Stammhirn. Über das funktionelle Gefüge dieser Triebe weiß man hingegen recht wenig. Die Stammhirnreizungen an Hühnern konnten einen ersten Einblick in das komplexe System der Stimmungen und Handlungsbereitschaften vermitteln. So konnte von Holst zwischen Adaptation und Umstimmung unterscheiden. Die Adaptation ist charakteristisch für die schnelle Triebdynamik, und Umstimmungsprozesse kennzeichnen die zugrundeliegenden langsamen Veränderungen im Antriebsverhalten. Ferner kam durch die Ergebnisse das Fragment eines Wirkungsgefüges zustande, das hierarchisch strukturiert ist, ähnlich dem hypothetischen Entwurf Niko Tinbergens. Am unteren Ende dieser »Hierarchie der Instinkte« stehen einzelne Bewegungselemente (Gehen, Fliegen, Gakkern), die jeweils in eine oder mehrere Verhaltensweisen integriert werden (Angriff, Flucht). Diese Verhaltensweisen gehören wiederum zu Verhaltenskomplexen einer höheren Integrationsstufe wie z. B. Feindverhalten.

### *Erich von Holst als Geigenbauer*

Erich von Holst war eine Forscherpersönlichkeit eigener Art. Sein wissenschaftliches Engagement war außerordentlich und seine Entdeckungen waren zahlreich und originell. Ungewöhnlich mutet es jedoch an, daß ein so erfolgreicher Forscher wie er jahrelang die Wissenschaft beiseite legte und sich in eine künstlerische Problematik vertiefte. Er spielte sehr gut Bratsche. Ein spezielles Problem dieses Instrumentes war für ihn der Anlaß, sich dem Bau von Streichinstrumenten zu widmen. Eine gute Bratsche soll sich im Ton von einer Geige deutlich unterscheiden. Sie soll vor allem auch in den tiefen Lagen voll und wohltönend klingen. Je größer das Instrument, um so eher wird dieses Ziel erreicht. Der Nachteil einer großen Bratsche ist jedoch ihre Unhandlichkeit, sie ist schwer spielbar. Dieses »Bratschenproblem« löste Erich von Holst auf neue Weise. In Anlehnung an das allometrische Wachstum mancher Organismen brachte er den Körper einer großen Bratsche in eine asymmetrische Form. Das optimale Verhältnis von Länge zu Breite konnte er dabei erhalten und doch ein großes Instrument handlich spielbar machen. Erstaunlicherweise hatte die Asymmetrie keinen Einfluß auf den Ton, es entstanden Bratschen von großem tenoralem Klang. Von Holsts Vorschläge fanden viel Beachtung und Anerkennung bei Geigenbauern und Bratschisten.

Er eignete sich im Laufe der Zeit das Können eines perfekten Geigenbaumeisters an. Seine Instrumente waren kein Laienwerk, sie wurden von Konzertmeistern gespielt. Im Gegensatz zu den professionellen Vertretern dieses Handwerks betrachtete er die Eigenschaften einer Geige mit naturwissenschaftlichem Sachverstand. Er machte nicht dort halt, wo der Handwerker sich allenfalls mit der verbalen Beschreibung eines ästhetischen Phänomens zufrieden gibt. Vielmehr versuchte er auch hier, die Systemeigenschaften des Instruments als Wirkung einer Ursache funktionsanalytisch zu verstehen. Durch diese Arbeitsweise hatte er sich im Laufe der Jahre ein großes Wissen über Funktion und Zusammenwirken der einzelnen Bauelemente einer Geige erworben. Er verstand es, durch minimale Veränderungen aus einer schäbigen Fiedel eine schöne vollklingende Geige zu machen. Es war sein Plan, diese Erfahrungen in einem Buch zu veröffentlichen, um sie auch anderen zugänglich zu machen – gewissermaßen als eine Wissenschaft vom Geigenbau. Leider ist er dazu nicht mehr gekommen.

Erich von Holst starb am 26. Mai 1962 in seinem 54. Lebensjahr.

# Quellennachweise

Vom Wesen der Ordnung im Zentralnervensystem. In: Naturwissenschaften 25 (1937), S. 625–631 und S. 641–647.

Das Reafferenzprinzip. Wechselwirkungen zwischen Zentralnervensystem und Peripherie. In: Naturwissenschaften 37 (1950), S. 464–476 (mit H. Mittelstaedt).

Zentralnervensystem. Das Muskelspindelsystem der Säuger. In: Fortschritte der Zoologie 10 (1956), S. 381–390.

Aktive Leistungen der menschlichen Gesichtswahrnehmung. In: Studium Generale 10 (1957), S. 231-243.

Vom Wirkungsgefüge der Triebe. In: Naturwissenschaften 47 (1960), S. 409–422 (mit U. v. St. Paul).

# Bibliographie


ADRIAN, E. D. (1943): Discharges from Vestibular Receptors in the Cat. In: Physiol. 101, 389–407.

BARKER, D. (1948): The Innervation of the Muscle-Spindle. In: Quart. J. Micr. Sci. 89, 143–186.

BERNHARD, C. G. und P.O. THERMAN (1947): Alternating Facilitation and Inhibition of the Extensor Muscle Activity in Decerebrate Cats. In: Acta physiol. scand. 14, Suppl. 47, 3.

BETHE, A. (1937a): Experimentelle Erzeugung von Störungen der Erregungsleitung und von Alternans- und Periodenbildungen bei Medusen im Vergleich zu ähnlichen Erscheinungen am Wirbeltierherzen. In: Z. vergl. Physiol. 24, 613–637.

– (1937b): Rhythmik und Periodik, besonders im Hinblick auf die Bewegungen des Herzens und der Meduse. In: Pflüg. Arch. 239, 41–73.

– (1940): Die biologischen Rhythmusphänomene als selbständige bzw. erzwungene Kippvorgänge betrachtet. In: Pflüg. Arch. 244, 1–42.

– und E. FISCHER (1931): Plastizität und Zentrenlehre. In: Handbuch der normalen und pathologischen Physiologie, Berlin, Bd. 15, 1175–1220.

BÖHM, H. (1950): Vom lebendigen Rhythmus. In: Studium Generale 4, 28–41.

BOYD, I. A. und T. D. M. ROBERTS (1953): Proprioceptive Discharges from Stretchreceptors in the Kneejoint of the Cat. In: J. Physiol. 122, 38–58.

BROCK, L. G., J. C. ECCLES UND W. RALL (1951): Experimental Investigations on the Afferent Fibres in Muscle Nerves. In: Proc. Roy. Soc. 138, 435–475.

BROWN, G. (1916): Die Reflexfunktionen des Zentralnervensystems unter besonderer Berücksichtigung der rhythmischen Tätigkeit beim Säuger. In: Erg. Physiol. 15, 480–780.

BUDDENBROCK, W. v. (1937): Physiologie der Sinnesorgane und des Nervensystems. In: Grundriß der vergleichenden Physiologie, Bd. I, Berlin.

CARLETON, A. (1938): Observations on the Problem of the Proprioceptive Innervation of the Tongue. In: J. Anat. Lond. 72, 502–507.

COOPER, S. (1953): Muscle Spindles in the Intrinsic Muscles of the Human Tongue. In: J. Physiol. 122, 193–202.

ECCLES, J. C., P. FATT, S. LANDGREN und G. J. WINDSBURY (1954): Spinal Cord Potentials Generated by Rolleys in the Large Muscle Afferents. In: J. Physiol. 125, 590–606.

FISCHER, M. H. und Z. WODAK (1922): Experimentelle Beiträge zu den vestibularen Tonusreaktionen. In: Z. Hals-, Nasen-, Ohren-Heilk. 3, 406.

FISCHER, M. H. (1926): Die Funktion des Vestibularapparates (der Bogengänge und Otolithen) bei Fischen, Amphibien, Reptilien und Vögeln. In: Handbuch der normalen und pathologischen Physiologie, Bd. XI, Berlin.

FOERSTER, O. (1936): Handbuch der Neurologie. Berlin.

GOLDSTEIN, K. und W. RIESE (1925): Über den Einfluß sensibler Hautreize auf die sogenannten vestibulären Reaktionsbewegungen. In: Klin. Wsch. 4, 1201–1204 u. 1250 bis 1254.

GRANIT, R. (1950 a): Autogenic Inhibition. EEG. In: Clin. Neurophysiol. 2, 417–424.

– (1950 b): Reflex-Self-Regulation of Muscle Contraction and Autogenic Inhibition. In: J. Neurophysiol. 13, 351–372.

– C. JOB und B. KAADA (1952): Activation of Muscle Spindles in Pinna Reflex. In: Acta Physiol. Scand. 27, 161–168.

– und B. KAADA (1952): Influence of Stimulation of Central Nervous Structures on Muscle Spindles in Cat. In: Acta Physiol. Scand. 27, 130–160.

– und H. W. LISSMANN (1946): Further Observations on the Effect of De-Afferentation on the Locomotory Activity of Amphibian Limbs. In: J. exper. Biol. 23, 121–132.

– (1950): The Role of Peripheral Sense Organs during Locomotion in the Vertebrates. In: Symp. Soc. f. exp. Biol. 4, 112–126.

GRIESMANN, B. (1922): Zur kalorischen Erregung des Ohrlabyrinths. In: Zbl. Ohrenheilk. 19, 336–337.

Hertz, M. (1934): Zur Physiologie des Formen- und Bewegungssehens. In: I. Z. vergl. Physiol. 20, 430–449.
Hess, W. R. (1954): Das Zwischenhirn. 2. Aufl., Basel.
Hodes, R. (1953): The Innervation of Skeletal Muscle. In: Annual rev. Physiol. 15, 139 bis 164.
Hoffmann, F. B. (1924): Augenbewegung und relative optische Lokalisation. In: Z. Biol. 80, 81–90.
Holst, E. v. (1932): Untersuchungen über die Funktionen des Zentralnervensystems beim Regenwurm. In: Zoolog. Jahrb., Abt. Allg. Zoolog. u. Physiol. 51, 547–588.
– (1933): Weitere Versuche zum nervösen Mechanismus der Bewegung beim Regenwurm. In: Zool. Jahrb., Abt. Allg. Zool. u. Physiol. 53, 67–100.
– (1934a): Über das Laufen der Hundertfüßer. In: Zool. Jahrb., Abt. Allg. Zool. u. Physiol. 54, 157–179.
– (1934b): Über die Ordnung und Umordnung der Beinbewegungen bei Hundertfüßern. In: Pflüg. Arch. 234, 101–113.
– (1934c): Studien über Reflexe und Rhythmen beim Goldfisch. In: Z. vergl. Physiol. 20, 582–599.
– (1935a): Alles oder Nichts, Block, Alternans, Bigemini und verwandte Phänomene als Eigenschaften des Rückenmarks. In: Pflüg. Arch. 236, 515–532.
– (1935b): Erregungsbildung und Erregungsleitung im Fischrückenmark. In: Pflüg. Arch. 235, 345–359.
– (1935c): Die Gleichgewichtssinne der Fische. In: Verh. Dt. Zool. Ges. 1935, 108 bis 114.
– (1935d): Die Kordination der Bewegung bei den Arthropoden in Abhängigkeit von zentralen und peripheren Bedingungen. In: Biol. Reviews 10, 234.
– (1935e): Über den Lichtrückenreflex bei Fischen. In: Pubbl. Staz. Zool. Napoli 15, 143–158.
– (1935f): Über den Prozeß der zentralnervösen Koordination. In: Pflüg. Arch. 236, 149–158.
– (1935g): Zentralnervensystem. In: Fortschr. d. Zool. 1, 364–383.
– (1936a): Vom Dualismus der motorischen und der automatisch-rhythmischen Funktion im Rückenmark und vom Wesen des automatischen Rhythmus. In: Pflüg. Arch. 237, 356–378.
– (1936b): Über den »Magnet-Effekt« als koordinierendes Prinzip im Rückenmark. In: Pflüg. Arch. 237, 655–682.
– (1936c): Versuche zur Theorie der relativen Koordination. In: Pflüg. Arch. 237, 93–121.
– (1936d): Zentralnervensystem. In: Fortschr. d. Zool. 2, 445–468.
– und D. W. Le Mare (1936e): Bausteine zu einer vergleichenden Physiologie der lokomotorischen Reflexe bei Fischen I. In: Z. vgl. Physiol. 23, 223–236.
– (1937a): Bausteine zu einer vergleichenden Physiologie der lokomotorischen Reflexe bei Fischen II. In: Z. vgl. Physiol. 24, 532–562.
– (1937b): Ein neues Instrument für Feinoperationen. In: Zool. Anz. 119, 328–331.
– (1937c): Vom Wesen der Ordnung im Zentralnervensystem. In: Naturwiss. 25, 625 bis 631 u. 641–647.
– (1937d): Zentralnervensystem. In: Fortschr. d. Zool. 3, 343–362.
– (1938a): Neue Versuche zur Deutung der relativen Koordination bei Fischen. In: Pflüg. Arch. 240, 1–43.
– (1938b): Über relative Koordination bei Säugern und beim Menschen. In: Pflüg. Arch. 240, 44–49.
– (1939a): Entwurf eines Systems der lokomotorischen Periodenbildung bei Fischen. In: Z. vgl. Physiol. 26, 481–528 (Habilitationsschrift).
– (1939b): Über die nervöse Funktionsstruktur des rhythmisch tätigen Fischrückenmarks. In: Pflüg. Arch. 241, 569–611.
– (1939c): Die relative Koordination als Phänomen und als Methode zentralnervöser Funktionsanalyse. In: Erg. Physiol. 42, 228–306.
– (1940): Tierflug und Modellflug. Sinn und Bedeutung des Vollschwingen-Flugmodellbaues. In: Luftfahrt und Schule 3, 24–27.

– und D. Küchemann (1941): Biologische und aerodynamische Probleme des Tierflugs. In: Naturwiss. 29, 348–362.
– (1943a): Über »künstliche Vögel« als Mittel zum Studium des Vogelflugs. In: Journ. Ornith. 91, 406–447.
– (1943b): Untersuchungen über Flugbiophysik. I. Messungen zur Aerodynamik kleiner schwingender Flügel. In: Biol. Zbl. 63, 289–326.
(1948): Von der Mathematik der nervösen Ordnungsleistungen. In: Experientia 4, 374–381.
– (1950a): Die Arbeitsweise des Statolithenapparates bei Fischen. In: Z. vergl. Physiol. 32, 60–120.
– (1950b): Quantitative Messung von Stimmungen im Verhalten der Fische. In: Symp. Soc. Exp. Biol. 4, 143–172.
– (1950c): Die Tätigkeit des Statolithenapparates im Wirbeltierlabyrinth. In: Naturwiss. 37, 265–272.
– und H. Mittelstaedt (1950d): Das Reafferenzprinzip. In: Naturwiss. 37, 464–476.
– (1956a): Zentralnervensystem (Das Muskelspindelsystem der Säuger). In: Fortschr. d. Zool. 10, 381–390.
– und W. Jeschorek (1956b): Fernreizung freibeweglicher Tiere. In: Naturwiss. 43 bis 455.
– (1957a): Aktive Leistungen der menschlichen Gesichtswahrnehmung. In: Studium Generale 10, 231–243.
– (1958): Zentralnervensystem (Die Funktionsstruktur des Zwischenhirns). In: Fortschr. d. Zool. 11, 245–275.
– und U. v. St. Paul (1960): Vom Wirkungsgefüge der Triebe. In: Naturwiss. 47, 409 bis 422.
– und L. Kühme (1962): Taktile Täuschungen bei Dickenschätzungen durch Betasten. In: Pflüg. Arch. 275, 588–593.
Hunt, C. C. und S. W. Kuffler (1951a): The Reflex Activity of Mammalian Small Nervefibres. In: J. Physiol. 115, 456–469.
– (1951b): Stretch Receptor Discharges during Muscle Contraction. In: J. Physiol. 113, 298–315.
– (1952a): The Effect of Stretch Receptors from Muscle on the Discharge of Motoneurons. In: J. Physiol. 117, 359–379.
– (1952b): Peripheral Origins of Nervous Activity. In: Spring Harbour Symp. Quant. Biol. 17, 113–123.
Katz, B. (1949): The Efferent Regulation of the Muscle Spindle in the Frog. In: J. expér. Biol. 26, 201–217.
– (1950): Depolarisation of Sensory Terminals and the Initiation of Impulse in the Muscle Spindle. In: J. Physiol. 111, 261–282.
–, D. (1948): Die Gestaltpsychologie. Basel.
Klemm, O. (1919): Sinnestäuschungen. Psychologie und experimentielle Pädagogik in Einzeldarstellungen (Hrsg. R. Schulze), 2 Bde. Leipzig.
Kornmüller, A. E. (1932): Eine experimentelle Anästhesie der äußeren Augenmuskeln am Menschen und ihre Auswirkungen. In: J. Psychol. u. Neur. 41, 354–366.
– (1947): Die Elemente der nervösen Tätigkeit. Stuttgart.
Kuffler, S. W. (1953): The two Sceletal Nerve-Systems in Frog. In: Arch. exper. Path. u. Pharm. 220, 116–135.
– (1954): Mechanism of Activation and Motor Control of Stretch Receptors in Lobster and Crayfish. In: J. Neurophysiol. 17, 558–573.
–, C. Hunt und J. Quillian (1951): Efferent Muscle Spindle Innervation. In: J. Neurophysiol. 14, 29–54.
Lissmann, H. W. (1946): The Neurological Basis of the Locomotory Rhythm in the Spinal Dogfish *(Scyllum canicula, Acanthias vulgaris)*. In: J. exper. Biol. 23, 162–176.
Lloyd, D. P. C. (1953): Influence of asphyxia upon the responses of spinal motoneurons. In: J. Gen. Physiol. 36, 673–702.
Lorenz, K. (1937a): Über den Begriff der Instinkthandlung. In: Fol. Biotheoret. 2, 17–50.
– (1937b): Über die Bildung des Instinktbegriffes. In: Naturwiss. 25, 289–300, 307–318, 324–331.
– (1937c): Biologische Fragestellung in der Tierpsychologie. In: Z. Tierspychol. 1, 24–32.

– (1939b): Vergleichende Verhaltensforschung. In: Verh. Dt. Zool. Ges., Suppl. 12, 69–102.
– (1973): Der Kumpan in der Umwelt des Vogels. München.
LOWENSTEIN, O. (1950): Labyrinth and Equilibrium. In: Symp. Soc. f. Exp. Biol. 4, 60–82.
– und T. D. M. ROBERTS (1949): The Equilibrium Function of the Otolith Organs of the Thornback Ray *(Raja clavata)*. In: J. Physiol. 110, 392–415.
MAGNUS, R. (1924): Körperstellung. Berlin.
MATTHEWS, B. H. G. (1933): Nerve Endings in Mammalian Muscle. In: J. of Physiol. 78, 1–53.
MCCOUCH, G. P., D. DEERING und T. H. LING (1951): Location of Receptors of Tonic Neck Reflexes. In: J. Neurophysiol. 14, 191–195.
MITTELSTAEDT, H. (1949): Telotaxis und Optomotorik von Eristalis bei Augeninversion. In: Naturwiss. 36, 90–91.
– (1950): Physiologie des Gleichgewichtssinnes bei fliegenden Libellen. In: Z. vergl. Physiol. 32, 422–463.
– (1954a): Regelung in der Biologie. In: Regelungstechnik 2, 177–181.
– (1954b): Regelung und Steuerung bei der Orientierung von Lebewesen. In: Regelungstechnik 2, 226–232.
MOUNTCASTLE, V. B., M. R. COVIAN und C. R. HARRISON (1952): The Central Representation of some Forms of Deep Sensibility. In: Res. Publ. Ass. nerv. ment. Dis. 30, 339 bis 370.
RUFFINI, A. (1893): Sulla terminazione nervosa nei fusi musculorie sul loro significato fisiologico. In: Alti R. Accad. Linc. (5) Rendic Vol. 1, 2. Sem. 1 Fasc. 31–38.
– (1893): Di una particolare reticella nervosa e di alcuni corpuscoli di Pacini che si trovano in connesione cogli organi musculotendinei del gatto. In: Atti R. Accad. Linc. (5) Rendic. Vol. 1, 1. Sem. Fasc. 12, 442–446.
– (1893): Sur un réticule nerveux spécial, et sur quelques corpuscules de Pacini qui se trouvent en connexion avec les organs musculo-tendineux du chat. In: Arch. Ital. Bid. T. 18, Fasc. 1, 101–114.
SCHOEN, L. (1949): Quantitative Untersuchungen über die zentrale Kompensation. In: Z. vergl. Physiol. 32, 121–150.
SCHÖNE, H. (1950): Die Augen als Gleichgewichtsorgane bei Wasserkäferlarven. In: Naturwiss. 37, 235–236.
SPIEGEL, E. A. und G. SATO (1927): Experimentalstudien am Nervensystem. In: Pflüg. Arch. 215, 106–132.
SPRAGUE, J. M., L. H. SCHREINER, D. B. PINDSLEY und W. MAGOUN (1948): Reticulo-spinal Influences on Stretch Reflexes. In: J. Neurophysiol. 11, 501–507.
STOPFORD, J. S. B. (1921): The Nerve Supply of the Interphalangeal and Metarcarpophalangeal Joints. In: J. Anat. London 56, 1–11.
TAUSCH, R. (1954): Optische Täuschungen als artifizielle Effekte der Gestaltungsprozesse von Größen- und Formenkonstanz in der natürlichen Raumwahrnehmung. In: Psychol. Forschung 24, 299–348.
TINBERGEN, N. (1940): Die Übersprungbewegung. In: Z. Tierpsychol. 4, 1–40.
– und D. J. KUENEN (1939): Über die auslösenden und richtunggebenden Reizsituationen der Sperrbewegung von jungen Drosseln. In: Z. Tierpsychol. 3, 37–60.
TÖNNIES, J. F. (1949): Die Erregungssteuerung im Zentralnervensystem. In: Arch. Psychiatr. u. Z. Neur. 182, 478–535.
TRENDELENBURG, W. (1906): Über die Bewegung der Vögel nach Durchschneidung hinterer Rückenmarkswurzeln. Ein Beitrag zur Physiologie des Zentralnervensystems der Vögel. (Nach Untersuchungen an *Columba domestica*) In: Arch. Anat. u. Physiol. 1906, 1–126.
– (1907): Zur Kenntnis der Physiologie der Skelettmuskulatur. In: Arch. Anat. u. Physiol. 1907, 499–506.
– (1943): Der Gesichtssinn. Berlin.
WEISS, P. (1936): Selectivity Controlling the Central-Peripheral Relations in the Nervous System. In: Biol. Rev. Cambridge philos. Soc. 11, 494–531.
– (1941): Selfdifferentiation of the Basic Patterns of Coordination. In: Comp. Psychol. Monogr. 17, 1–96.

# Register